MIX
Papier aus verantwortungsvollen Quellen
Paper from responsible sources
FSC® C105338

Michael Hirn
Siegfried Idinger

Die Finite Elemente Methode

Eine verständliche Einführung anhand der Spannungskalkulation eines LKW-Aufbaues in Pro/MECHANICA

disserta
Verlag

Hirn, Michael; Idinger, Siegfried: Die Finite Elemente Methode: Eine verständliche Einführung anhand der Spannungskalkulation eines LKW-Aufbaues in Pro/MECHANICA. Hamburg, disserta Verlag, 2015

Buch-ISBN: 978-3-95935-150-8
PDF-eBook-ISBN: 978-3-95935-151-5
Druck/Herstellung: disserta Verlag, Hamburg, 2015
Covermotiv: pixabay.com

Bibliografische Information der Deutschen Nationalbibliothek:
Die Deutsche Nationalbibliothek verzeichnet diese Publikation in der Deutschen Nationalbibliografie; detaillierte bibliografische Daten sind im Internet über http://dnb.d-nb.de abrufbar.

Das Werk einschließlich aller seiner Teile ist urheberrechtlich geschützt. Jede Verwertung außerhalb der Grenzen des Urheberrechtsgesetzes ist ohne Zustimmung des Verlages unzulässig und strafbar. Dies gilt insbesondere für Vervielfältigungen, Übersetzungen, Mikroverfilmungen und die Einspeicherung und Bearbeitung in elektronischen Systemen.

Die Wiedergabe von Gebrauchsnamen, Handelsnamen, Warenbezeichnungen usw. in diesem Werk berechtigt auch ohne besondere Kennzeichnung nicht zu der Annahme, dass solche Namen im Sinne der Warenzeichen- und Markenschutz-Gesetzgebung als frei zu betrachten wären und daher von jedermann benutzt werden dürften.

Die Informationen in diesem Werk wurden mit Sorgfalt erarbeitet. Dennoch können Fehler nicht vollständig ausgeschlossen werden und die Diplomica Verlag GmbH, die Autoren oder Übersetzer übernehmen keine juristische Verantwortung oder irgendeine Haftung für evtl. verbliebene fehlerhafte Angaben und deren Folgen.

Alle Rechte vorbehalten

© disserta Verlag, Imprint der Diplomica Verlag GmbH
Hermannstal 119k, 22119 Hamburg
http://www.disserta-verlag.de, Hamburg 2015
Printed in Germany

Vorwort

Im Zuge der Reife- und Diplomprüfung entschieden wir, die Autoren Siegfried Idinger und Michael Hirn, uns, dieses Werk in Zusammenarbeit mit dem Unternehmen M-U-T Maschinen Umwelttechnik Transportanlagen GmbH Stockerau zu verfassen. Die Durchführung einer Spannungsauswertung eines LKW-Müllbehälters mittels der Finite Elemente Methode, welche die Grundlage zur Gewichtreduzierung hatte, motivierte uns, sich der Thematik des vorliegenden Buches zu widmen. Trotz des großen Umfanges der behandelten Themen setzten wir uns zum Ziel, die theoretischen Ausführungen stets auch anhand von Praxisbeispielen zu verdeutlichen.

Abschließend möchten wir uns noch bei all denen bedanken, die uns tatkräftig bei der Erstellung dieses Werkes unterstützt haben.
Besonderer Dank gebührt Herrn Dipl.-Ing. Andreas Friedl, der uns stets mit seinem Rat beiseite stand.
Wir bedanken uns auch bei der Firma M-U-T Maschinen Umwelttechnik Transportanlagen für die Bereitstellung des benötigten Materials zur Durchführung der Berechnungen und die erfolgreiche Zusammenarbeit.

Wir wünschen allen Lesern spannende Stunden mit dem vorliegenden Buch und hoffen, ihnen damit auf interessante und praxisorientierte Weise einen „roten Faden" durch die Spannungsberechnung mittels der Finite Elemente Methode zu vermitteln.

Wien, im Oktober 2014

Siegfried Idinger
Michael Hirn

Inhaltsverzeichnis

1 Einleitung 1
2 Abstract 2
3 Zielsetzung und Aufbau des Buches 3
4 Technische Beschreibung 5
   4.1 Allgemeines 5
      4.1.1 Müllsammelfahrzeug 5
      4.1.2 Finite Elemente Methode 13
   4.2 Konstruktion des Müllcontainermodells mit Pro/ENGINEER 18
      4.2.1 Koordinatensystem 18
      4.2.2 Auflistung der erstellten Bauteile 19
      4.2.3 Erklärung der verwendeten Pro/ENGINEER Funktionen 20
      4.2.4 Konstruktive Erklärungen zu den einzelnen Bauteilen 21
   4.3 Ermittlung der auftretenden Kräfte und Drücke 28
      4.3.1 Grundsätzliche Überlegungen 29
      4.3.2 Berechnung der Zylinderkraft 30
      4.3.3 Berechnung des Druckes auf die Behälteraußenflächen 31
      4.3.4 Berechnung der Dachkastenkraft 33
      4.3.5 Berechnung der Zylinderkraft auf das Ausstoßschild 37
      4.3.6 Berechnung der Kufenkraft und des Kufendruckes 39
      4.3.7 Berechnung der Konsolenkraft und Normalkraft 44
      4.3.8 Berechnung der Konsolenkraft „Zylinderkraft-Schlittenwand" . 51
      4.3.9 Berechnung des Eigengewichts des Mülls 54
   4.4 Erklärung verwendeter Komponenten von Pro/MECHANICA 59
      4.4.1 Einheitensystem 59
      4.4.2 Materialeigenschaften 61
      4.4.3 Lagerung 64
      4.4.4 Randbedingungen 65
      4.4.5 Belastungen 66
      4.4.6 Flächenbereiche 68
      4.4.7 Durchführen von Analysen in Pro/MECHANICA 70
   4.5 Eingabe der Kräfte und Drücke in Pro/MECHANICA 73
      4.5.1 Eingabe des Druckes auf die Behälterseitenfläche 73
      4.5.2 Eingabe des Druckes auf den Behälterboden 74
      4.5.3 Eingabe des Druckes auf die Ausstoßschildfläche 75
      4.5.4 Eingabe des Druckes auf die Dachfläche 76
      4.5.5 Eingabe der zusätzlichen Kraft auf den Kasten des Daches ... 77
      4.5.6 Eingabe der Zylinderkraft auf das Ausstoßschild 78
      4.5.7 Eingabe der Zylinderkraft auf den Ölbehälter 79
      4.5.8 Eingabe des Kufendruckes auf den Behälterboden 80

4.5.9 Eingabe Konsolenkraft (Gewichtskraft Beladeeinrichtung) 81
4.5.10 Eingabe Konsolenkraft (Zylinderkraft Schlittenwand) 82
4.5.11 Eingabe des Druckes auf die Behälterrahmenfläche 84
4.5.12 Eingabe des Eigengewichtes des Mülls 85
4.6 Eingabe der Randbedingungen 86
4.6.1 Auflager am Behälterrahmen 86
4.6.2 Symmetrierandbedingungen 90
4.6.3 Lagerung der Kufe 91
4.6.4 Randbedingungen am Ausstoßschild 92
4.7 Eingabe der Schalendefinition 93
4.8 Erster Rechenlauf 95
4.8.1 Überprüfen der resultierenden Last normal auf den Behälterboden.....95
4.8.2 Durchführung des ersten Rechenlaufs 97
4.8.3 Grafische Darstellung der Ergebnisse des Rechenlaufs 1 98
4.9 Korrektur eingegebener Drücke 99
4.9.1 Korrektur des Druckes auf die Dachfläche 100
4.9.2 Zusätzlicher Druck auf den Kasten des Daches 102
4.9.3 Korrektur des Oberflächendruckes auf die Behälterseitenwand 103
4.9.4 Korrektur des Eigengewichts des Mülls 104
4.10 Zweiter Rechenlauf 107
4.10.1 Überprüfen der resultierenden Last normal auf den Behälterboden...107
4.10.2 Durchführen des zweiten Rechenlaufs 109
4.10.3 Grafische Darstellung der Ergebnisse des Rechenlaufs 2 110
4.11 Schweißspannungsauswertung 110
4.11.1 Wirkprinzip und Anwendung von Schweißnähten 111
4.11.2 Ablauf der Schweißspannungsnachrechnung 117
4.12 Untersuchung des Einflusses der Verformung des LKW-Rahmens auf die Spannungen im Container 123
4.12.1 Ermittlung der Ersatzkräfte für die Auflager 124
4.12.2 Eingabe der Auflagerkräfte 125
4.12.3 Auflagerpunkte am Behälterrahmen 127
4.12.4 Dritter Rechenlauf 129
4.12.5 Grafische Darstellung der Ergebnisse des dritten Rechenlaufes 131
5 Conclusio **132**
6 Literaturverzeichnis **134**

Anhangverzeichnis

Nr.	Bezeichnung	Seite
Anlage A:	Rechenlauf 1, Spannungsplot Gesamtmodell	135
Anlage B:	Rechenlauf 1, Spannungsplot Gesamtmodell mit Verformung	136
Anlage C:	Rechenlauf 1, Verschiebung in y- Richtung verformt	137
Anlage D:	Rechenlauf 1, Verschiebung in y- Richtung	138
Anlage E:	Rechenlauf 1, Verschiebung in x- Richtung verformt	139
Anlage F:	Rechenlauf 1, Verschiebung in x- Richtung	140
Anlage G:	Rechenlauf 2, Spannungsplot Gesamtmodell	141
Anlage H:	Rechenlauf 2, Spannungsplot Gesamtmodell mit Verformung	142
Anlage I:	Rechenlauf 2, Verschiebung in y- Richtung verformt	143
Anlage J:	Rechenlauf 2, Verschiebung in y- Richtung	144
Anlage K:	Rechenlauf 2, Verschiebung in x- Richtung verformt	145
Anlage L:	Rechenlauf 3, Spannungsplot Boden	146
Anlage M:	Rechenlauf 3, Spannungsplot Boden verformt	147
Anlage N:	Rechenlauf 3, Boden, Verschiebung in y- Richtung verformt	148
Anlage O:	Rechenlauf 3, Boden, Verschiebung in y- Richtung	149
Anlage P:	Übersicht über Positionen der Schweißnähte	150
Anlage Q:	Schweißnahtdarstellungen für die Auswertung, Beispiel für eine zulässig berechnete Schweißnaht (Positionsnummer 29, 30)	154
Anlage R:	Schweißnahtdarstellungen für die Auswertung, Beispiel für eine unzulässig berechnete Schweißnaht (Positionsnummer 31, 32)	157
Anlage S:	Schweißnahtauswertung	160
Anlage T:	Unzulässige Schweißnähte – anstoßendes Blech	167
Anlage U:	Unzulässige Schweißnähte – durchgehendes Blech	171

Darstellungsverzeichnis

Nr.	Bezeichnung	Seite
Darstellung 1:	Abfallsammelfahrzeug	5
Darstellung 2:	Skizze Abfallsammelfahrzeug	6
Darstellung 3:	Behälter mit Quertraverse und Ausstoßschildlagerung	8
Darstellung 4:	Auf LKW montierter Behälter	8
Darstellung 5:	Beladevorgang Schritt 1	9
Darstellung 6:	Beladevorgang Schritt 2	10
Darstellung 7:	Beladevorgang Schritt 3	11
Darstellung 8:	Beladevorgang Schritt 4	12
Darstellung 9:	Beladevorgang Schritt 5	13
Darstellung 10:	Gewähltes Koordinatensystem in Pro/ENGINEER	19
Darstellung 11:	Icon „Profil" in Pro/ENGINEER	20
Darstellung 12:	Icon „Füllen" in Pro/ENGINEER	21
Darstellung 13:	Seitenwand des Müllcontainers	22
Darstellung 14:	Boden des Müllcontainers	23
Darstellung 15:	Dach des Müllcontainers	24
Darstellung 16:	Ausstoßschild des Müllcontainers	25
Darstellung 17:	Ölbehälter des Müllcontainers	26
Darstellung 18:	Blechkonsole Heck	27
Darstellung 19:	Verstärkungsblech Dach	28
Darstellung 20:	Dreistufiger Teleskopzylinder	29
Darstellung 21:	Modellierte Behälterhälfte mit Symmetrieebene	31
Darstellung 22:	Breite des Behälters	32
Darstellung 23:	Höhe des Behälters	32
Darstellung 24:	Behälter	34
Darstellung 25:	Länge Kastenbauform	35
Darstellung 26:	Breite Kastenbauform	36
Darstellung 27:	Koordinatensystem, Winkel und Zylinderkraft	38
Darstellung 28:	Modell Ausstoßschild mit Belastungen	40
Darstellung 29:	Analyseergebnis Ausstoßplatte	41
Darstellung 30:	Breite der Kufe	42
Darstellung 31:	Länge der Kufe	43
Darstellung 32:	Befestigung der Beladeeinrichtung mittels Konsole	45
Darstellung 33:	Winkelmessung am Behälterrahmen	46
Darstellung 34:	Kraftvektoren Beladeeinrichtung	47
Darstellung 35:	Klotz auf schiefer Ebene (freigemacht)	48
Darstellung 36:	Rahmenlänge	50
Darstellung 37:	Kräfte beim Beladevorgang	52
Darstellung 38:	Gegenkraft beim Beladevorgang	52
Darstellung 39:	Resultierende Kraft auf den Boden	56

Darstellung 40: Breite Behälterboden 57
Darstellung 41: Länge Behälterboden 58
Darstellung 42: Einheitensystem 60
Darstellung 43: System-Einheiten... 61
Darstellung 44: Materialzuweisung 63
Darstellung 45: Materialdefinition.. 64
Darstellung 46: Icon „Randbedingungen" in Pro/ENGINEER 65
Darstellung 47: Randbedingungen 66
Darstellung 48: Icon „Flächenbereich" in Pro/ENGINEER 68
Darstellung 49: Unbelasteter, grüner Bereich 69
Darstellung 50: Icon „Analyse" in Pro/ENGINEER.. 70
Darstellung 51: Analyseanstoß 70
Darstellung 52: Analyseanstoß 71
Darstellung 53: Eingaben Behälterseitenfläche 74
Darstellung 54: Eingaben Behälterboden 75
Darstellung 55: Eingaben Ausstoßschild 76
Darstellung 56: Eingaben Dachfläche.. 77
Darstellung 57: Eingaben Zusatzdruck Kastenaufbau Dach................................. 78
Darstellung 58: Eingabe x- Komponente der Zylinderkraft 79
Darstellung 59: Eingabe y- Komponente der Zylinderkraft 80
Darstellung 60: Eingabe Kufendruck auf Behälterboden 81
Darstellung 61: Eingabe Konsolenkraft (Gewichtskraft Beladeeinrichtung) 82
Darstellung 62: Eingabe Konsolenkraft (Zylinderkraft Schlittenwand) 84
Darstellung 63: Eingabe des Druckes auf die Behälterrahmenfläche 85
Darstellung 64: Eingabe des zusätzlichen Druckes auf den Behälterboden 86
Darstellung 65: Auflagerstellen 87
Darstellung 66: Linkes Loslager am Behälterrahmen 88
Darstellung 67: Mittiges Loslager am Behälterrahmen 89
Darstellung 68: Rechtes Festlager am Behälterrahmen 90
Darstellung 69: Symmetrierandbedingungen 91
Darstellung 70: Lagerung der Kufe 92
Darstellung 71: Randbedingung am Ausstoßschild 93
Darstellung 72: Schalendefinition 94
Darstellung 73: Materialdefinition für ST37 95
Darstellung 74: Überprüfung resultierende Kraft auf Behälterboden 96
Darstellung 75: Ergebnisliste der Analyse mittels Pro/MECHANICA 98
Darstellung 76: Korrektur des Druckes auf das Dach 100
Darstellung 77: Druckverlauf des Daches 101
Darstellung 78: Zusätzlicher Druck auf Kastenaufbau Dach............................... 103
Darstellung 79: Korrigierter Druck auf Behälterseitenwand 104
Darstellung 80: Resultierende Last für Rechengang 2 105
Darstellung 81: Korrektur der resultierenden Müllkraft.. 107

Darstellung 82: Überprüfung der resultierenden Last auf den Behälterboden für Rechenlauf 2 108
Darstellung 83: Ergebnisliste der Analyse mittels Pro/MECHANICA 109
Darstellung 84: Stoßarten nach DIN 1912-1 116
Darstellung 85: Auswahlmöglichkeiten Belastungen 117
Darstellung 86: Auswahlmöglichkeiten Belastungsansicht 118
Darstellung 87: Auswahlfenster / Darstellungsort 119
Darstellung 88: Auswahl der benötigten Flächen.. 120
Darstellung 89: Ergebnisfenster... 120
Darstellung 90: Abfrage der Spannungen mittels „Dynamische Abfrage" 122
Darstellung 91: Ergebnisliste Messgrößen 124
Darstellung 92: Eingabe hintere Messgröße... 125
Darstellung 93: Eingabe mittlere Messgröße 126
Darstellung 94: Eingabe vordere Messgröße... 126
Darstellung 95: Loslager am Behälterrahmen mit Referenzpunkt..................... 128
Darstellung 96: Festlager am Behälterrahmen mit Referenzpunkt 128
Darstellung 97: Festlager am Behälterrahmen mit Referenzpunkt 130

Abkürzungsverzeichnis[1]

3D	Dreidimensional
Al	Aluminium
C	Kohlenstoff
CAD	Computer Aided Design
DIN	Deutsches Institut für Normung
FE	Finite Elemente
FEM	Finite Elemente Methode
GKS	Globales Koordinatensystem
KE	Konstruktionselement
LKW	Lastkraftwagen
MIG Schweißen	Metall-Inert-Gas-Schweißen
PC	Personal Computer
WIG Schweißen	Wolfram-Inert-Gas-Schweißen

---

[1] Anmerkung: SI-Einheiten und offizielle Nomenklatur sind nicht im Abkürzungsverzeichnis aufgenommen

1 Einleitung

Dieses Buch soll dem technisch interessierten Leser einen Überblick über die Anwendung und Funktionsweise der Finite Elemente Methode liefern. Anhand eines Beispiels aus der Praxis wird der gesamte Anwendungsprozess von der Modellerstellung, notwendigen Vorkalkulationen, Eingaben in das Berechnungsprogramm bis hin zur Auswertung der Ergebnisse und Schweißspannungsnachrechnung verständlich gemacht. Das Praxisbeispiel behandelt die dynamische Spannungsberechnung an einem Müllcontainer eines Abfallsammelfahrzeuges während des Beladeprozesses.

Die Finite Elemente Methode ist eine computergestützte Berechnungsmethode zur Lösung von komplexen Problemstellungen aus der Technik. Diese Methode findet Anwendung in der Planung und Auslegung von Bauwerken, Anlagen und Fahrzeugen wie Staudämmen, Turbinenschaufeln und Autokarosserien.
Die grundsätzliche Überlegung der Finite Elemente Methode ist es, das zu berechnende Bauteil an ein aus vielen einfachen Teilen zusammengesetztes Ersatzmodell anzunähern. Es ist heute Standard, umfangreiche CAD Systeme zu verwenden, mit denen das Produkt virtuell am Computer von der Idee weg bis hin zum fertigen Bauteil entwickelt wird. Der daraus resultierende Vorteil, zu jedem Entwicklungsschritt ein virtuelles Modell des Bauteiles zu haben, erklärt die breite und erfolgreiche Anwendung der Finite Elemente Methode.

2 Abstract

Recalculation of the Stresses for a Dumpster on a Garbage Collection Truck by means of the Finite Elements Method

The recalculation of the stresses at a dumpster based on the finite elements method was carried out for a dumpster which is mounted on the garbage truck developed by the M-U-T company at Stockerau.

The dumpster is designed as a box and fixed to a frame. The whole construction is rigidly mounted, but the container is supported on rubber bumps which are necessary to absorb possible bumps which can be caused by potholes or curbs.

The first step was to design the whole steel construction with the help of shell elements applying the program Pro/ENGINEER. The total assembly consists of five components (side wall, bottom, roof, ejection device, oil tank). Due to its symmetric construction only one half of the dumpster had to be modelled.

Afterwards forces and pressures which were necessary for the simulation of the actual conditions were applied. Next the definition of the material had to be carried out. We also applied boundary conditions to tell the program how the construction is supported on the frame. The first assumption was that the expansion of the pressure was like that of water.

The first analysis showed that the assumption did not correspond to the facts because the pressure of garbage does not expand constantly like that of water. The next step was to adjust the assumptions for the expansion of the pressure.

The result of the analysis was a coloured diagram of the stresses based on the forces and pressures. Due to these results we were able to begin the second step of our work, the weld recalculation. At this stage we looked for the maximum stresses of each connection and then we checked their reliability.

The influences of the deformation of the frame of the truck on the stresses in the container were analysed in a further step.

3 Zielsetzung und Aufbau des Buches

Das Ziel dieses Werkes ist es, eine Spannungsauswertung durchzuführen, welche die Grundlage zur Gewichtreduzierung eines LKW-Müllbehälters mit eingebautem Presswerk der Firma M-U-T Maschinen Umwelttechnik Transportanlagen bilden soll. Dabei werden verschiedene Stellungen des Pressstempels analysiert und der Einfluss der Verformung des LKW-Rahmens auf die Spannungen im Container untersucht. Die Spannungen in den benötigten Schweißnähten des Behälters werden auf ihre Zulässigkeit mit der Schweißspannungsnachrechnung nach DIN 15018 überprüft.

Der mit der Konstruktionssoftware Pro/ENGINEER vom Softwarehersteller PTC konstruierte und mit der Finite Elemente Methode in Form der Software Pro/MECHANICA, ebenfalls vom Softwarehersteller PTC, nachgerechnete LKW-Aufbau dient in der Praxis als Grundlage für weitere technische Analysen, beispielsweise zur Überprüfung der berechneten Spannungen mit Dehnmessstreifen.

Der **Aufbau des Buches** gliedert sich in:

- **Erstellung eines Modells mit Pro/ENGINEER als Flächenmodell**
  Im ersten Arbeitsschritt wird die gesamte Stahlkonstruktion mit dem Konstruktionsprogramm Pro/ENGINEER in Flächenbauweise konstruiert.

- **Eingabe von Lasten/Randbedingungen in Pro/MECHANICA**
  Anschließend werden mit dem Finite Elemente Programm Pro/MECHANICA Lasten aufgebracht, welche zur Simulierung der tatsächlichen Beanspruchung notwendig sind. Ebenfalls werden Randbedingungen zur Simulierung der Bauteil-Einspannungen und die Materialeigenschaften definiert. Pro/MECHANICA berechnet durch diese Eingabedaten die Spannungen in jedem Element und gibt als Ergebnis Spannungen und Verformungen in farbigen Darstellungen an.

- **Berechnung in Pro/MECHANICA**
  Pro/MECHANICA berechnet die Spannungen in jedem Element und gibt als Ergebnis Spannungen und Verformungen in farbigen Darstellungen an.

- **Schweißnahtspannungsnachrechnung**
  Hierbei werden die maximalen Spannungen, welche auf die einzelnen Schweißnähte wirken, bestimmt und in der Nachrechnung auf ihre Zulässigkeit hin überprüft.

- **Untersuchung des Einflusses der Verformung des LKW- Rahmens auf die Spannungen im Container**
  Um möglichst reale Ergebnisse zu erhalten, muss auch noch ermittelt werden, ob die Verformung des LKW- Rahmens während des Betriebes einen Einfluss auf die Spannungen im Container hat und wenn ja, in welchem Ausmaß. Dazu ist es notwendig, jene Kräfte zu ermitteln, die auf die Auflagerflächen des Behälters wirken. An diesen Auflagerflächen liegt der Behälter an Gummipuffern auf.

- **Conclusio**
  Die Conclusio fasst die wichtigsten Ergebnisse zusammen und die Forschungsfragen werden beantwortet.

4 Technische Beschreibung

4.1 Allgemeines

4.1.1 Müllsammelfahrzeug

Bei dem untersuchten Abfallsammelbehälter handelt es sich um einen Aufbaubehälter für Lastkraftwägen. Dieser Müllbehälter mit der Bezeichnung Variopress Typ 211 wird von der Firma M-U-T Maschinen Umwelttechnik Transportanlagen erzeugt. Ein ausgeführtes Beispiel eines Abfallsammelfahrzeuges ist auf **Darstellung 1** ersichtlich.

Darstellung 1: Abfallsammelfahrzeug[2]

Der M-U-T Variopress ist für wechselnde Anforderungen konstruiert. Er wird verwendet zum Entsorgen von Haushaltsabfällen, Gewerbe- und Industrieabfällen, Sperrmüll und verwertbaren Abfallstoffen, wie zum Beispiel Glas. Der untersuchte Behälter hat ein Fassungsvermögen von 20m³.[3]

Der Container ist in Kastenbauform ausgeführt und auf einem Rahmen montiert. Die gesamte Konstruktion ist starr gelagert, jedoch liegt der Container auf Gummipuffern auf, um die Stöße, welche von unruhiger Fahrweise herrühren können, abzudämpfen.

---

[2] M-U-T Maschinen Umwelttechnik Transportanlagen

[3] M-U-T Maschinen Umwelttechnik Transportanlagen

Die Müllzufuhr erfolgt über das Heckteil (Beladeeinrichtung). In der Beladeeinrichtung wird der Müll auch komprimiert. Nach der Komprimierung fährt das Ausstoßschild etwas zurück, um Platz zu schaffen für neu zuzuladenden Müll. Ist das Ausstoßschild in der hintersten Position angelangt, ist keine neuerliche Zufuhr von Müll mehr möglich. Am Entladeplatz (etwa Mülldeponie) wird der Müll durch das Ausstoßschild, welches von einem mehrstufigen Zylinder bewegt wird, ausgeschoben. Nach dieser Prozedur kann der Beladevorgang erneut starten.

Die nachfolgende **Darstellung 2** stellt den Aufbau des Abfallsammelfahrzeuges dar.

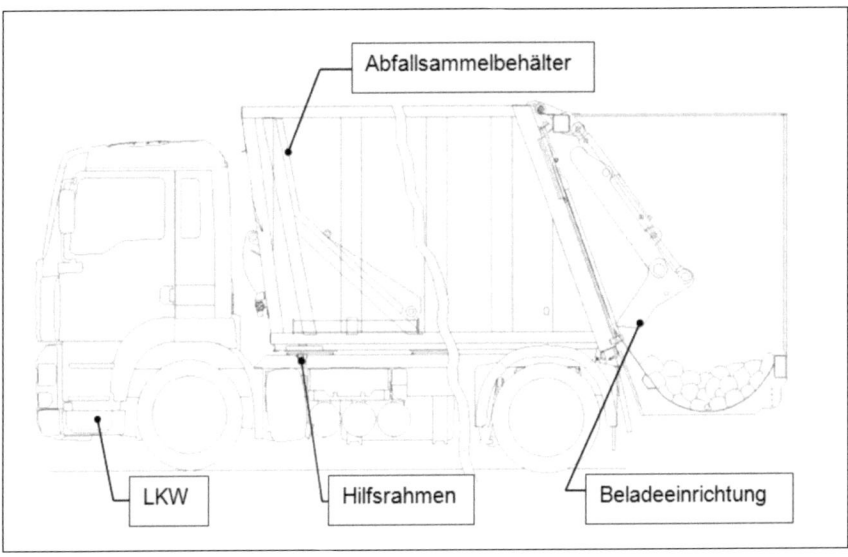

Darstellung 2: Skizze Abfallsammelfahrzeug[4]

Der Abfallsammelbehälter ist in verwindungsfreier Bauweise aus Feinkornbaustählen gefertigt. Die Bodengruppe bildet mit den Seitenwänden und dem Dach eine Kastenform.

Die Seitenwände und das Dach bestehen aus einer mit Profilen verstärkten

---

[4] M-U-T Maschinen Umwelttechnik Transportanlagen

Rahmenkonstruktion. Vorne, an der Stirnseite des Behälters, ist eine Quertraverse mit den Seitenwänden und der Bodengruppe verschweißt, die gleichzeitig als Ölbehälter und Lagerung für den Ausstoßzylinder ausgeführt ist.

Das Ausstoßschild läuft auf Kunststoffgleitschienen in den seitlichen Längsführungen (sind in die Bodengruppe und die Seitenwand eingebettet) und wird durch einen zentralen Teleskopzylinder bewegt.

Während der Beladung wirkt das Ausstoßschild als Widerstand für die Abfallpressung und bildet auch die vordere Wand des voll beladenen Behälters. Eine hydraulische Steuerung reguliert das Ausweichen des Schildes während des Beladevorganges, so dass ein optimales Verdichtungs- und Befüllungsergebnis erreicht wird.

Das Ausstoßschild besteht aus einer profilverstärkten, verschleißfesten Platte aus Feinkornbaustahl mit hoher Festigkeit und dem Führungsrahmen mit Gleitleisten. Mittig in Bodennähe ist die Lagerung für den Ausstoßzylinder integriert.

Der Abfallsammelbehälter ist auf einem Hilfsrahmen gelagert, dieser ist wiederum mit elastischen Gummielementen mit dem Fahrgestell verbunden. Der gesamte Aufbau wird über eine Hydraulikanlage betrieben.

In den nachfolgenden beiden Darstellungen ist der Behälter in zwei verschiedenen Bauphasen ersichtlich. **Darstellung 3** zeigt den fertig geschweißten Behälter (mit Ölbehälter), in **Darstellung 4** ist dieser bereits auf dem LKW mit der Beladeeinrichtung montiert.

Darstellung 3: Behälter mit Quertraverse und Ausstoßschildlagerung[5]

Darstellung 4: Auf LKW montierter Behälter[6]

---

[5] M-U-T Maschinen Umwelttechnik Transportanlagen
[6] M-U-T Maschinen Umwelttechnik Transportanlagen

Der Beladevorgang wird nachfolgend in 5 Schritten mittels Vorgangsskizzen erklärt. Für nachfolgende Betrachtungen ist die Funktionsweise des Press- und Beladevorganges wichtig, um abzuschätzen, welche Kräfte auf das Behälterdach wirken.

Schritt 1:
Zunächst wird der Abfall wird mit einer Schüttvorrichtung in die Ladewanne des Heckteils befördert. In **Darstellung 5** ist die Ausgangsstellung der Pressplatte (grau hinterlegt) und der Schlittenwand, die die Pressplatte bewegt, dargestellt. Unterhalb der Pressplatte befindet sich die Ladewanne für den Müll.

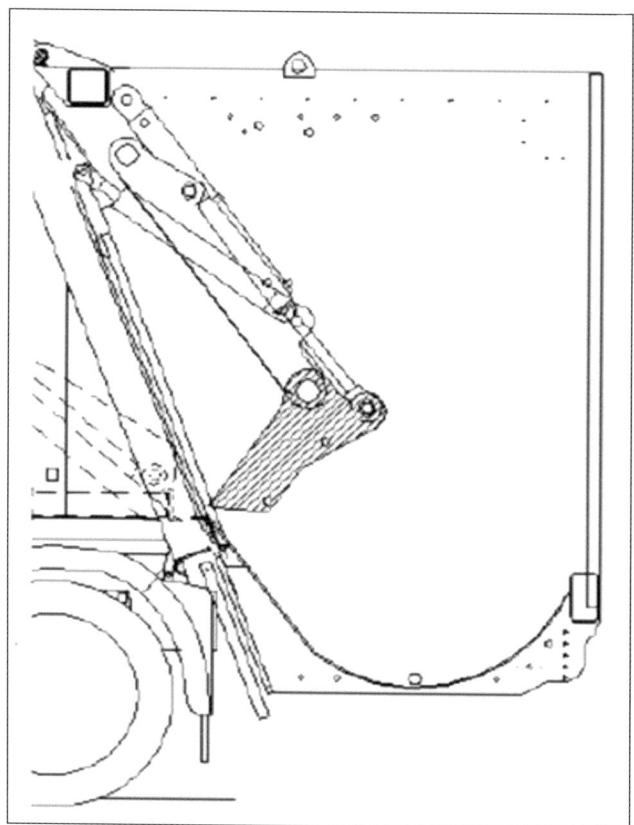

Darstellung 5: Beladevorgang Schritt 1[7]

---

[7] M-U-T Maschinen Umwelttechnik Transportanlagen

Schritt 2:

Auf **Darstellung 6** ist erkennbar, wie die Pressplatte auf schwenkt.

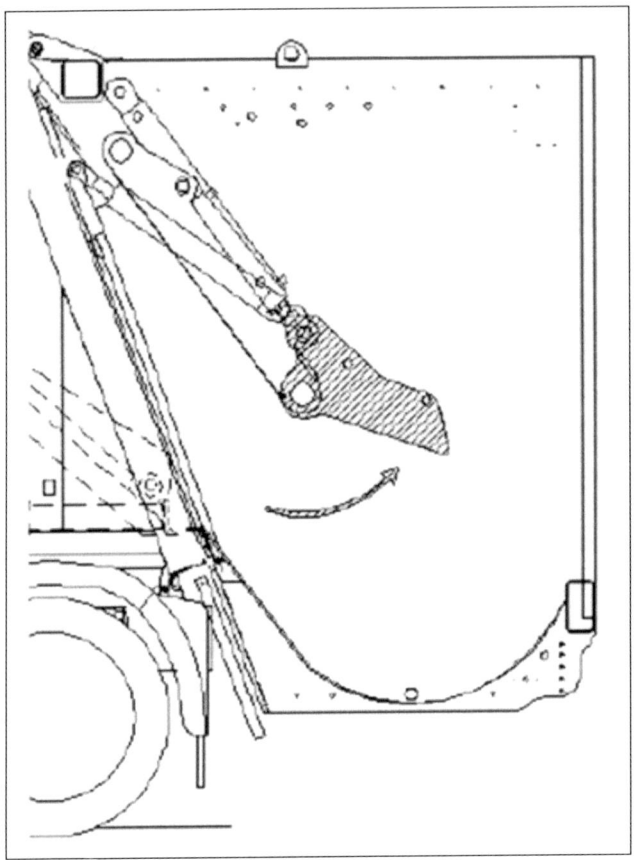

Darstellung 6: Beladevorgang Schritt 2[8]

---

[8] M-U-T Maschinen Umwelttechnik Transportanlagen

Schritt 3:

Die Schlittenwand fährt abwärts, um den Press- und Beladevorgang zu starten. Ersichtlich ist dies auf **Darstellung 7**.

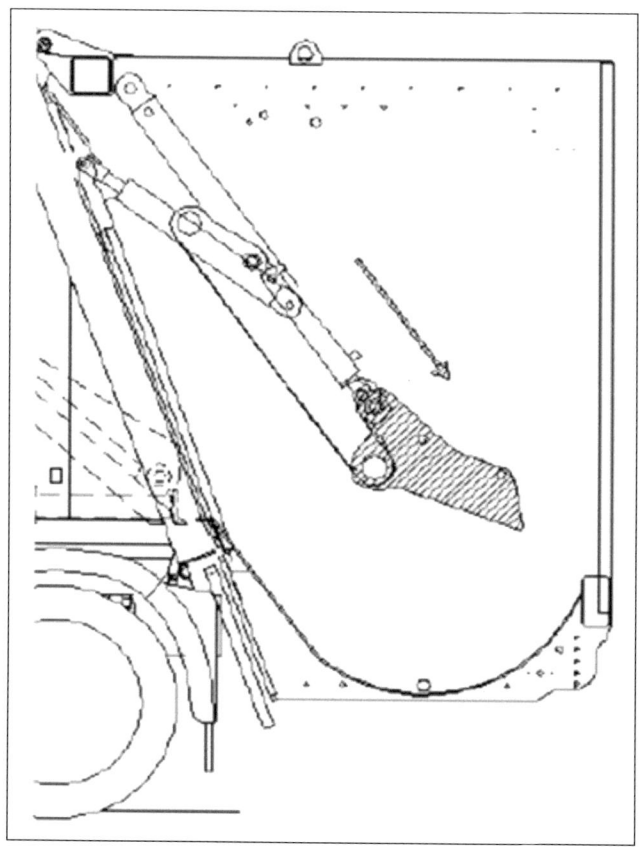

Darstellung 7: Beladevorgang Schritt 3[9]

---

[9] M-U-T Maschinen Umwelttechnik Transportanlagen

Schritt 4:

Die Pressplatte schließt sich bis in die Endstellung. Bei diesem Arbeitsschritt beginnt die Verdichtung des Mülls, wie auf **Darstellung 8** ersichtlich.

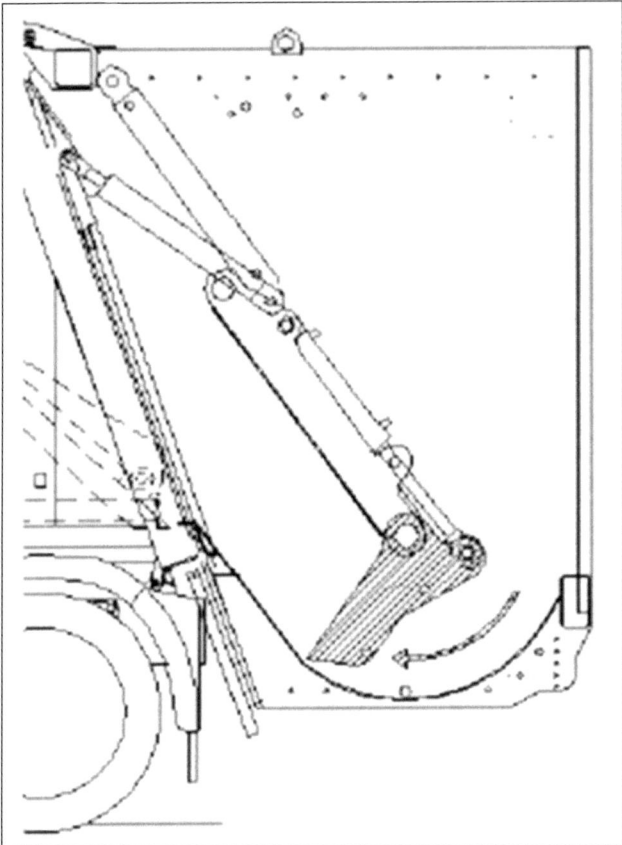

Darstellung 8: Beladevorgang Schritt 4[10]

---

[10] M-U-T Maschinen Umwelttechnik Transportanlagen

Schritt 5:

Im letzten Schritt des Beladevorganges wird die Pressplatte mittels der Schlittenwand in die Ausgangstellung zurückgefahren (siehe **Darstellung 9**). Der Müll wird weiter verdichtet und in den Abfallbehälter geschoben.

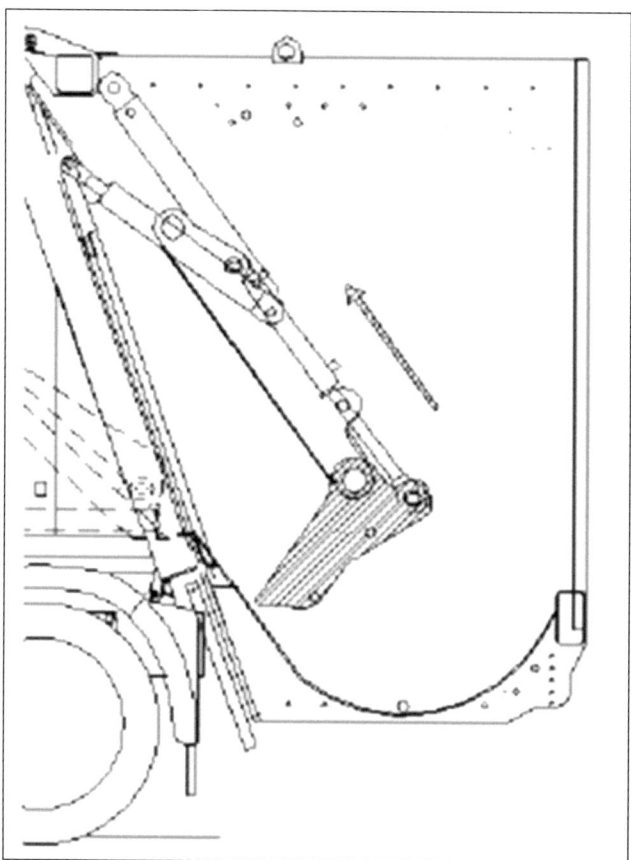

Darstellung 9: Beladevorgang Schritt 5[11]

4.1.2 Finite Elemente Methode

„Bei der Gestaltung von Bauteilen ist der Konstrukteur zunehmend veranlasst, die Möglichkeit des von ihm ausgewählten Werkstoffes optimal zu nutzen. Er ist also gezwungen, von geometrisch einfachen Formen abzuweichen. Gleichzeitig damit ist eine Anwendung der einfachen Formeln der Festigkeitslehre nicht mehr möglich. Die Grundaussagen der Mechanik ha-

---
[11] M-U-T Maschinen Umwelttechnik Transportanlagen

ben selbstverständlich Gültigkeit. Es bedarf also nur einer anderen Methodik, um diesen neuen Anforderungen gewachsen zu sein. Die Finite Elemente- Analyse ist ein mathematisches Werkzeug, das dem Ingenieur erlaubt, unterschiedlichste physikalische Strukturen zu untersuchen. So hat sich diese Methode auf den verschiedensten Gebieten der Ingenieurswissenschaften als die derzeit vielleicht wichtigste numerische Analysetechnik etabliert."[12]

Allgemeines zur Finite Elemente Methode (FEM)

Die Finite Elemente Methode, das heißt die Methode der endlich großen Elemente, ist ein leistungsfähiges Verfahren zur numerischen Lösung von Festigkeitsproblemen aller Art im elastischen und plastischen Bereich. Es basiert auf der Lösung linearer Gleichungssysteme hoher Ordnung.[13]

Die Grundlagen der FEM wurden schon in den 1940er Jahren entwickelt, jedoch war deren Anwendung sehr beschränkt, da die benötigten Rechner noch fehlten, um große Gleichungssysteme lösen zu können. Erst durch die Entwicklung kostengünstiger und gleichzeitig leistungsfähiger PCs fand die FEM verstärkte Anwendung.[14]

Einsatzmöglichkeiten der FEM im Maschinenbau sind unter anderem:[15]
- Lineare Statik; lineare und nichtlineare Dynamik
- Allgemeine Strömungen
- Probleme bei großen Verschiebungen (Dehnungen)
- Probleme bei elastoplastischen und inkompressiblen Materialien
- Probleme der Strukturoptimierung etc.

Mit Hilfe der FEM ist es möglich, in ein Bauteil mit der Spannungs- und Deformationsanalyse vorzudringen, es handelt sich hierbei ja um ein Gedankenmodell. Die Lösung der entstehenden Gleichungssysteme ist äußerst umfangreich und wenn

---

[12] Steger u.a. (2008) S. 289.
[13] Vgl. Czichos, Hennecke (2008) S. E121.
[14] Vgl. Gawehn (2009) S. 1.
[15] Vgl. Steger u.a. (2008) S. 289.

es sich um komplexe Probleme handelt, ist diese nur mit großen Rechenanlagen durchführbar.[16]

Beschreibung der FEM

„Eine gegebene mechanische Struktur wird in finite (= endliche) Elemente, also in Elemente endlicher Größe zerlegt."[17]

„Je nach der Struktur gibt es entsprechend ihrem physikalischen Verhalten unterschiedliche Elementtypen wie Stab-, Balken-, Platten-, Schalen-, Feder-, Rohr- und Volumenelemente. Die einzelnen Elemente sind über „gedachte" Knoten miteinander verbunden."[18]

Es besteht auch die Möglichkeit, unterschiedliche Elementtypen miteinander zu kombinieren.[19]

„Je nach dem Elementtyp, das an einen Knoten angeschlossen ist, hat dieser eine dem Element entsprechende Anzahl von Freiheitsgraden - translatorische und / oder rotatorische FG. Zwischen zwei räumlichen Stabelementen hat der Knoten drei translatorische Freiheitsgrade, zwischen z.B. zwei räumlichen Balkenelementen sechs FG, drei FG für die Rotation und drei FG für die Translation."[20]

Die Freiheitsgrade sind in der FE-Rechnung die primären Unbekannten. Dabei werden die Freiheitsgrade von Auflager (=> **Auflagerknoten**) durch das gewählte oder gegebene Auflager definiert (=> **Randbedingungen**). Die Aktionskräfte greifen dabei in den Knotenpunkten an. Strecken- und Flächenlasten müssen mittels verwendeten FEM- Programm auf Knoten umgerechnet werden. Je feiner die Vernetzung, desto größer die Knotenanzahl und desto genauer die Ergebnisse. Die Kunst bei der Aufbereitung eines FE- Modells ist es, richtig zu idealisieren, das heißt, die reale Struktur so zu vereinfachen, dass sie einer FE- Berechnung mit vertretbarem Aufwand unterzogen werden kann.[21]

---

[16] Vgl. Steger u.a. (2008) S. 290.
[17] Steger u.a. (2008) S. 290.
[18] Steger u.a. (2008) S. 290.
[19] Vgl. Steger u.a. (2008) S. 290.
[20] Steger u.a. (2008) S. 290.
[21] Vgl. Steger u.a. (2008) S. 290.

„Weiters sind die Materialeigenschaften der verschiedenen Elemente, wie E-Modul, Querdehnungszahl µ, Dichte ρ des Bauteils, etc., je nach Elementtyp und Untersuchungsziel zu definieren."[22]

„Stab- und Balkenelemente können mit der FEM- Analyse exakt gelöst werden. Dagegen gibt es für Platten-, Schalen- und Volumenelemente Näherungsansätze. Hierin gibt es oft kleine Unterschiede bei den am Markt befindlichen FEM-Programmen. Polynomansätze höherer Ordnung beschreiben den Verformungszustand bzw. den Spannungszustand besser."[23]

„Allgemein gilt: Je kleiner die Elementgröße gewählt wird, umso genauere Resultate können erwartet werden. Gewöhnlich konvergieren mit zunehmender Vernetzung die Ergebnisse zur exakten Lösung. Natürlich werden sich dadurch die Rechenzeit und auch der benötigte Speicher entsprechend vergrößern."[24]

Ausgangspunkt für sämtliche unserer Betrachtungen sind folgende Grundgedanken:[25]

- Es besteht ein Gleichgewicht zwischen den äußeren und inneren Kräften
- Spannung und Dehnung stehen zueinander in Beziehung (Hooke' sche Gesetz hat Gültigkeit)

Grundlagen Pro/MECHANICA[26]

Pro/MECHANICA ist ein universell anwendbares Werkzeug, das es dem Konstrukteur gestattet, mechanische Bauteile oder Baugruppen, die vorher mit Pro/ENGINEER konstruiert wurden, zu berechnen.

Pro/MECHANICA besteht aus den Bestandteilen Pro/MECHANICA STRUCTURE und Pro/MECHANICA THERMAL. Für die nachfolgende Berechnung wird der Part Pro/MECHANICA STRUCTURE benötigt.

Der Modelltyp STRUCTURE deutet darauf hin, dass es um Strukturanalysen geht. Die Bezeichnung Strukturanalyse hat sich für die Berechnung tragender Bauteile

---

[22] Steger u.a. (2008) S. 290.
[23] Steger u.a. (2008) S. 290f.
[24] Steger u.a. (2008) S. 291.
[25] Vgl. Steger u.a. (2008) S. 291.
[26] Anmerkung: Erläuterung der Autoren

bzw. Baugruppen mit Hilfe bestimmter Näherungsverfahren eingebürgert, bei denen das reale Bauteil durch eine Struktur vereinfachter Elemente ersetzt wird.

Vorweg sei erwähnt, dass sich sämtliche Erläuterungen und eigene Darstellungen in diesem Werk auf Pro/MECHANICA, Wildfire 4 beziehen. Modelle wurden mit dieser Software berechnet.

Verwendete Methode in Pro/MECHANICA

Die verwendete Methode der geometrischen Elemente in Pro/MECHANICA ist die sogenannte p-Version der Finite Elemente- Methode.

„Die p-Version approximiert die Verschiebung im Inneren des Elementes, indem Ansatzfunktionen (Polynome) höherer Ordnung verwendet werden. Ein einzelnes Element kann nun eine komplexere Geometrie und einen komplizierteren Verschiebungszustand widerspiegeln als ein herkömmliches (mit linearer Ansatzfunktion) finites Element. Der verwendete Polynomgrad kann dabei schrittweise erhöht werden, bis die Ergebnisse sich von Berechnungsschritt zu Berechnungsschritt nur noch wenig ändern, also gegen einen Wert konvergieren. Das ursprüngliche Finite-Elemente-Netz wird dabei nicht mehr verändert."[27]

Anwendung von Pro/MECHANICA

Der wichtigste Vorteil, den der/die AnwenderIn von Pro/MECHANICA hat, ist, dass die Modellierung der Geometrie eines Bauteils weitestgehend automatisch erfolgt. Er/Sie muss sich also weniger Gedanken über die geometrische Form der Elemente machen, als bei den Elementen mit linearen Ansatzfunktionen.[28]

„Da in einem Modell unmöglich alle Eigenschaften der Realität erfasst werden können, sind Vereinfachungen und Idealisierungen unumgänglich. Je realitätsnäher ein Modell ist, desto komplizierter und aufwendiger ist es im Allgemeinen auch. Andererseits liefert es auch die besseren, d.h. der Realität näheren Resultate."[29]

---

[27] Vogel, Ebel (2009) S. 211.
[28] Vgl. Vogel, Ebel (2009) S. 211.
[29] Vogel, Ebel (2009) S. 212.

„Derjenige, der das Modell erarbeitet und anwendet, steht also vor der Entscheidung, welche Vereinfachungen zulässig sind, um den Aufwand in Grenzen zu halten, andererseits aber noch verlässliche Resultate der Berechnung zu erhalten."[30]

„Mit der zunehmenden Leistungsfähigkeit der Computer und der Software hat sich die Frage des Berechnungsaufwandes entschärft. Modelle, zu deren Berechnung ein Großcomputer vor Jahren noch Stunden benötigt hätte, können von einem leistungsfähigen PC mit heutiger Software in Sekunden- oder Minutenschnelle berechnet werden."[31]

4.2 Konstruktion des Müllcontainermodells mit Pro/ENGINEER

Vorweg sei erwähnt, dass sich sämtliche Erläuterungen und eigene Darstellungen in diesem Werk auf Pro/ENGINEER, Wildfire 4 beziehen. Modelle wurden mit dieser Software konstruiert.

4.2.1 Koordinatensystem

Für die Erstellung eines dreidimensionalen Modells wird ein Koordinatensystem benötigt. Der Behälterzusammenbau bezieht sich auf ein globales Koordinatensystem. Auch die nachfolgenden Berechnungen und Auswertungen beziehen sich auf dieses Koordinatensystem.
Das Koordinatensystem wurde frei gewählt, da es für die Erstellung des Modells und die Berechnung gleichgültig ist, wie dieses im Koordinatensystem liegt. Wichtig ist jedoch, möglichst nur ein Koordinatensystem zu wählen und dieses bleibend für alle Modelle, Berechnungen und Auswertungen beizubehalten, um kein Chaos oder unverständliche Berechnungen zu erhalten.
Das Koordinatensystem wurde, wie in der nachfolgenden Abbildung ersichtlich, gewählt. Um die Lage des Behältermodells im Koordinatensystem leichter verständlich zu machen, stammt die Abbildung bereits vom fertigen Modell.

---

[30] Vogel, Ebel (2009) S. 212.
[31] Vogel, Ebel (2009) S. 212.

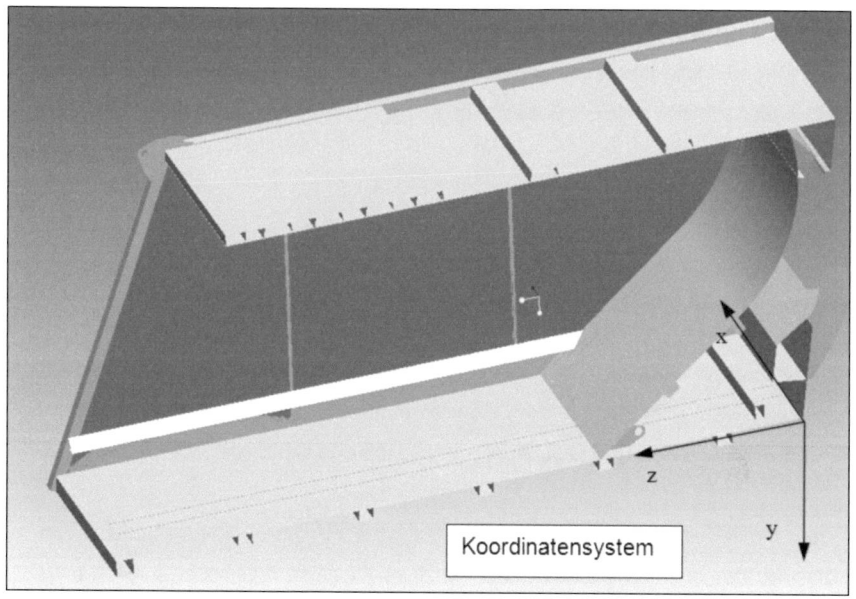

Darstellung 10: Gewähltes Koordinatensystem in Pro/ENGINEER[32]

4.2.2 Auflistung der erstellten Bauteile

Zunächst besteht die Aufgabe darin, ein funktionsfähiges Modell des Müllcontainers zu erstellen, um die nachfolgende Berechnung mit dem Finite Elemente-Programm durchführen zu können. Da die Berechnung von Volumenteilen in Pro/MECHANICA relativ zeitaufwendig ist, ist eine Konstruktion mit Flächenelementen von Vorteil.

Der gesamte Müllcontainer setzt sich aus folgenden Teilen zusammen:
- Seitenwand
- Boden
- Dach
- Ausstoßplatte
- Ölbehälter
- Verstärkungsblech Dach
- Blechkonsole Heck

---

[32] Eigene Darstellung (bearbeiteter Screenshot aus Pro/ENGINEER)

4.2.3 Erklärung der verwendeten Pro/ENGINEER Funktionen

Für die Modellierung des Müllcontainers waren folgende Funktionen der Konstruktionssoftware Pro/ENGINEER notwendig:

4.2.3.1 Profil Tool

Darstellung 11: Icon „Profil" in Pro/ENGINEER[33]

Das „Extrudieren" Tool kann durch Betätigen des Buttons oder über die Menüleiste Einfügen/Profil gestartet werden. Es wird ein sogenanntes Schaltpult geöffnet, über das alle Eingaben und Definitionen bezüglich des KE eingegeben werden.

Mit dem Profil-Tool ist es möglich, Volumen bzw. Flächenelemente zu erstellen. Hierzu wird der sogenannte Skizzierer geöffnet. In diesem Skizzierer ist es möglich, das benötigte Teil zu skizzieren und richtig zu bemaßen, um die benötigten Abmessungen korrekt einstellen zu können. Es ist jedoch viel mehr im Skizziermodus möglich, wie z. B. das Parametrisieren von Abständen oder das Mustern von Elementen. Bevor jedoch zum Zeichnen begonnen werden kann, ist es notwendig, die Bezugsebenen auszuwählen, das heißt jene Ebenen, auf welchen das skizzierte Teil später liegen soll. Wenn dieser Schritt abgeschlossen ist, ist es von Vorteil, wenn die zuvor benutzten Kanten/Kurven etc. mit dem Tool „Skizze definieren" angewählt werden, um diese Kanten nutzen zu können oder um Abstände zu diesen auftragen zu können. Nun stehen dem/der BenutzerIn vielfache Möglichkeiten zur Verfügung, das gewünschte Teil zu konstruieren, so z.B. Kurven, Radien, Kreise oder Linien.

Wenn das benötigte Teil skizziert wurde, gelangt der/die BenutzerIn nach Betätigen des „Skizzierer beenden" Buttons (dargestellt durch ein grünes „Hakerl"- Zeichen) zurück in das Ausgangsmenü, wo zwischen Volumen oder Flächenteil ausgewählt werden kann. Hier muss nun noch die Länge des Bauteils eingestellt werden. Dies ist durch mehrere Icons zu bewerkstelligen, so kann z. B. mit dem Befehl „durch alle" das Bauteil bis zu einer Ebene oder Fläche extrudiert werden oder

---

[33] Eigene Darstellung (Screenshot aus Pro/ENGINEER)

durch Eingabe einer Länge bemaßt werden. Wenn die gewollte Längeneingabe gewählt wurde, kann mit dem Betätigen der Entertaste das „Profil" Tool verlassen und das soeben gezeichnete Teil begutachtet werden.

Wenn durch eine nachfolgende Verbesserung das Bauteil umgestaltet werden muss, kann dies auf zwei Arten geschehen. Handelt es sich nur um eine simple Veränderung eines Maßes, so kann dies durch Rechtsklicken auf das benötigte Teil im Modellbaum auf der linken Bildschirmseite mit dem Befehl „Editieren" vollziehen. Handelt es sich um eine komplexere Ummodellierung des Bauteils, kann dies mit dem Befehl „Skizze editieren" vorgenommen werden (nicht mit dem Befehl „Editieren" verwechseln). Mit diesem Befehl gelangt der/die AnwenderIn in das jeweilige Menü zurück, in welchem das Bauteil konstruiert wurde (Profil-Menü). Dort können Veränderungen vorgenommen werden.

4.2.3.2 Füllen Tool

Darstellung 12: Icon „Füllen" in Pro/ENGINEER[34]

Mit dem „Füllen" Tool ist es möglich, Flächen zu skizzieren, welche keine Dicke besitzen. Dies ist mit dem Profil- Tool nicht möglich. Es wurde dieses Tool gewählt, da es keine hohe Rechenleistung des PC's benötigt und trotzdem absolut ausreichende Ergebnisse erzielt werden. Somit eignet es sich besonders für Finite Elemente Berechnungen. Auf das „Füllen" Tool kann über die Menüleiste Editieren/Füllen zugegriffen werden. In der Handhabung selbst gleicht es dem „Profil" Tool.

4.2.4 Konstruktive Erklärungen zu den einzelnen Bauteilen

Wie bereits angeführt, wurden für die Konstruktion des Containers lediglich die Tools „Profil" und „Füllen" verwendet. Es war vollkommen ausreichend, da sich keine Rotationskörper etc. in oder auf dem Müllcontainer befinden. Der Aufbau der unterschiedlichen Bauteile ist beinahe ident. Explizit zu erwähnen sei das Aus-

---

[34] Eigene Darstellung (Screenshot aus Pro/ENGINEER)

stoßschild, das aufgrund von Verstrebungen (Hohlprofile) den größten konstruktiven Aufwand darstellt.

Dabei ist zu beachten, dass die Hohlprofile ohne Überlappungen konstruiert sein müssen, da die Finite Elemente-Berechnung ansonsten zu fehlerhaften Ergebnissen führen würde.

4.2.4.1 Seitenwand des Müllcontainers

Die Seitenwand, das zugehörige 3D-Modell ersichtlich auf **Darstellung 13**, besteht grundsätzlich aus einem Rahmen, bestehend aus vier Vierkant-Hohlprofilen. In diesem Rahmen sind drei Stahlbleche eingeschweißt, welche jeweils mit einem L-Profil verschweißt sind, was eine höhere Festigkeit an der Schweißnaht bewirken und die Steifigkeit erhöhen soll. Um bei der Belastung durch den komprimierten Müll nicht aufzuplatzen, sind an der Seitenwand fünf Verstrebungen in U-Form eingeschweißt, welche wiederum die Festigkeit erhöhen sollen.

Darstellung 13: Seitenwand des Müllcontainers[35]

4.2.4.2 Boden des Müllcontainers

Das Bauteil „Boden" (3D-Modell siehe **Darstellung 14**) besteht grundsätzlich aus vier Stahlblechen mit der Dicke von drei Millimeter. Auf diesen Blechen sind auf der Unterseite Vierkant-Rohre als Verstrebungen eingeschweißt, jeweils eine vom Heck des Containers zum Führerhaus und sechs von den beiden Seitenwänden.

---

[35] Eigene Darstellung (Screenshot aus Pro/ENGINEER)

Diese Verstrebungen sind unablässig für die Steifigkeit des Rahmens. Ebenso dienen sie gleichzeitig dazu, das gesamte Gewicht (Eigengewicht des Containers und das Gewicht des komprimierten Mülls) auf drei Auflagebleche zu verteilen, die über Gummipuffer mit dem Rahmen des Müllfahrzeuges verbunden sind. Die Gummipuffer sind notwendig, damit Stöße, welche von unruhiger Fahrweise oder eventuellen Schlaglöchern in Straßen herrühren, nicht auf den Container übertragen werden und so eine Bauteilverformung verhindern. Auf jeder Seite des Müllcontainers befindet sich eine Führungsschiene, die für das Ausstoßschild notwendig ist. Das Ausstoßschild gleitet an dieser Führung beim Ausstoßen wie auch beim Zurücksetzen bei der Komprimierung des Mülls entlang.

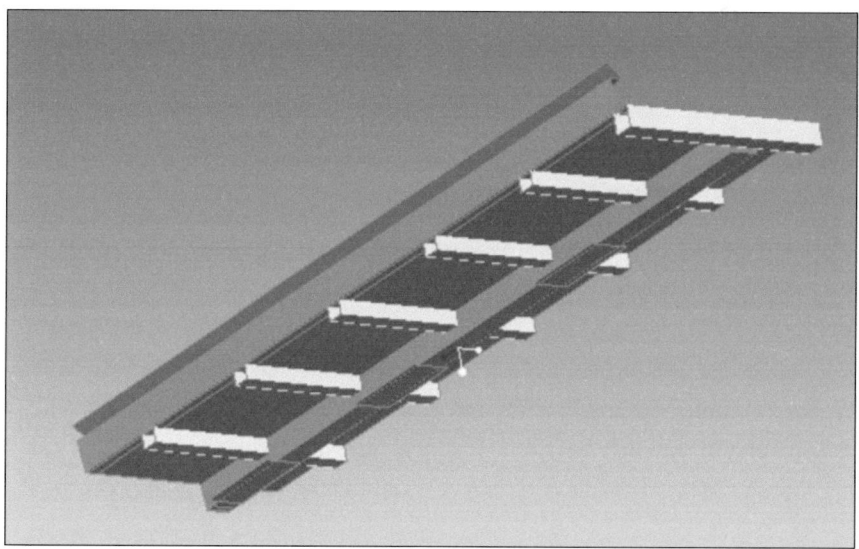

Darstellung 14: Boden des Müllcontainers[36]

4.2.4.3 Dach des Müllcontainers

Das Dach des Müllcontainers besteht aus drei stumpfgeschweißten Stahlblechen, die jeweils mit einem L-Profil verstärkt sind (siehe **Darstellung 15**). In jenem Teil des Daches, welches bei der Komprimierung des Mülls extreme Kräfte aufnehmen muss, sind zusätzliche Verstrebungen eingeschweißt, um diesen entgegenzuhalten. Um eine Verteilung der Kraft auf eine größere Fläche zu gewährleisten, sind die trapezförmigen Verstärkungen zusätzlich mit einem drei Millimeter dicken

---

[36] Eigene Darstellung (Screenshot aus Pro/ENGINEER)

Blech verschweißt. Im vorderen Bereich des Daches (in jenem Teil, wo der Müll zusammengepresst wird) weist die Dachkonstruktion in der Realität nach Einsatz des Müllcontainers eine Durchbiegung der Dachkonstruktion von ca. zehn Millimeter auf[37], im hinteren Teil des Containers greifen weit weniger große Kräfte an, deshalb ist dort die Verformung weitaus geringer.

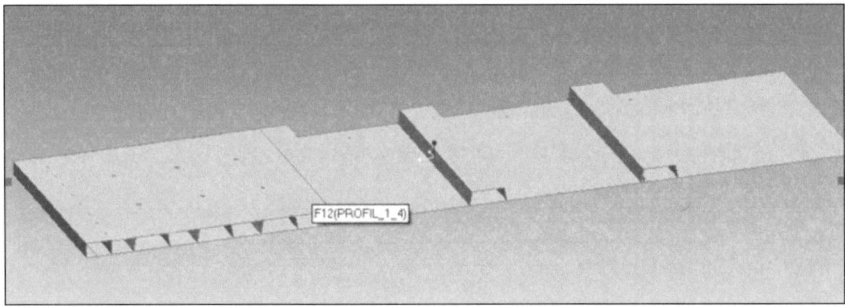

Darstellung 15: Dach des Müllcontainers[38]

4.2.4.4 Ausstoßschild

Das Ausstoßschild besteht im grundsätzlichen Aufbau aus einem drei Millimeter dicken Stahlblech, welches auf ein Stahlgerüst aufgeschweißt ist. Auf der unteren Seite des Schildes befindet sich eine Lasche zur Befestigung des Ausstoßzylinders. Das ganze Gestell liegt nur auf zwei Vierkant-Rohren (Kufen) auf, dadurch wird die Belastung auf jene Stellen, auf denen die zwei Kufen positioniert sind, erheblich erhöht. Auf den beiden Seiten des Ausstoßschildes befinden sich die zwei Gegenstücke zu den am Boden angeschweißten Führungsschienen, das heißt jeweils ein dreieckiger Ausschnitt, damit das Schild durch diese Schienen stabilisiert und in der richtigen Lage gehalten wird (siehe **Darstellung 16**). Um der Belastung, die durch die Komprimierung des Mülls entsteht, entgegenzuwirken, befinden sich Verstrebungen auf der Rückseite des Schildes, welche die Verformung des Bleches minimieren sollen.

---

[37] Anmerkung: Erfahrungswert M-U-T Maschinen Umwelttechnik Transportanlagen
[38] Eigene Darstellung (Screenshot aus Pro/ENGINEER)

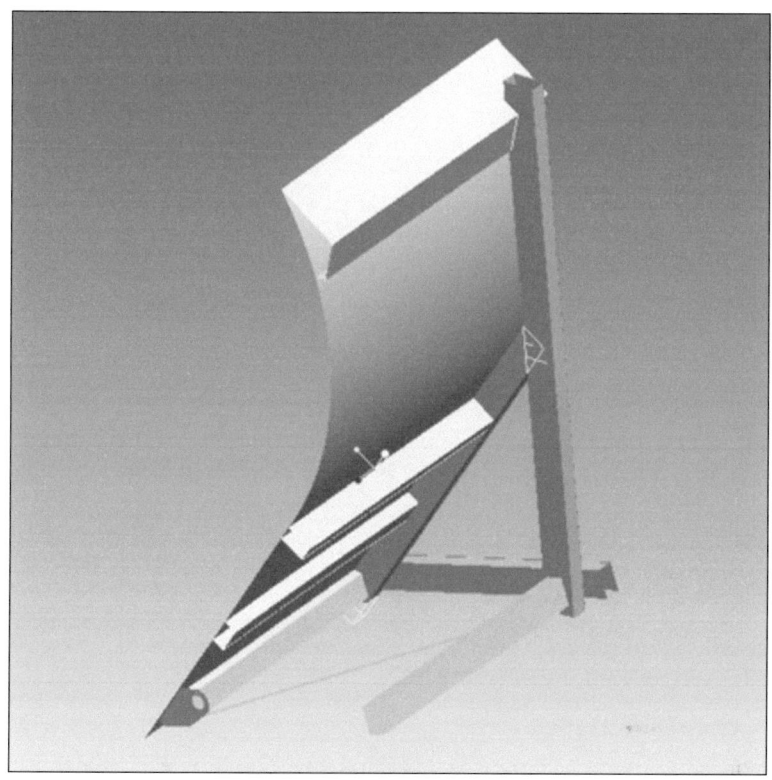

Darstellung 16: Ausstoßschild des Müllcontainers[39]

4.2.4.5 Ölbehälter

Der Ölbehälter besteht grundsätzlich aus einem Behältnis für die Hydraulik des Ausstoßschildes und einer Lasche zur Befestigung des hydraulisch betätigten mehrstufigen Kolbens (siehe **Darstellung 17**). Dieser dient der Verschiebung des Ausstoßschildes. Da der Ölbehälter keine Kräfte aufnimmt, außer jenen, die durch den Kolben herrühren, entstehen in diesem Bauteil kaum Verschiebungen bzw. Spannungen. Trotzdem ist der Ölbehälter mit einem drei Millimeter starken Blech ausgeführt, um die Kräfte beim Ausstoßvorgang abzustützen.

---

[39] Eigene Darstellung (Screenshot aus Pro/ENGINEER)

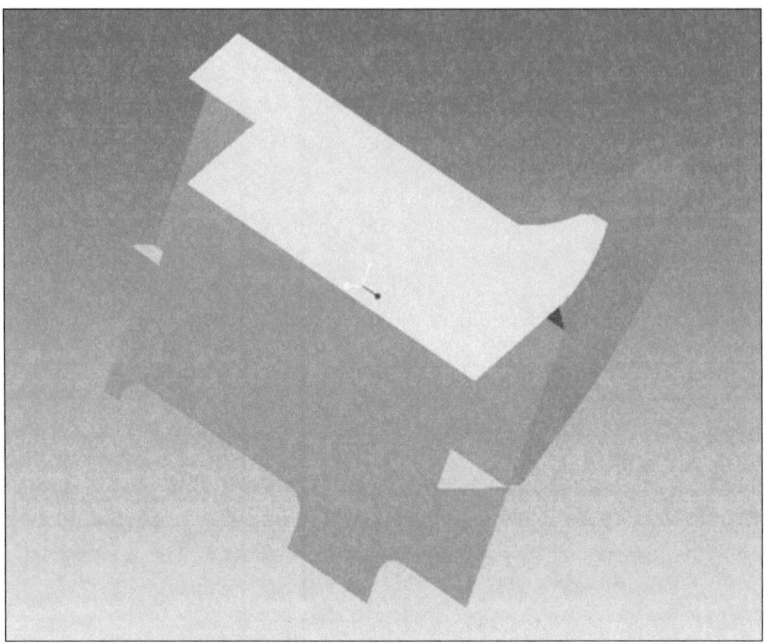

Darstellung 17: Ölbehälter des Müllcontainers[40]

4.2.4.6 Blechkonsole Heck

Unter dem Konstruktionsnamen „Blech_Konsole_Heck" ist eine Lasche zu verstehen, welche notwendig ist, um die am Heck des Müllfahrzeuges befindliche Beladeeinrichtung mit dem Müllcontainer zu verbinden (3D-Modell siehe **Darstellung 18**). An dieser Lasche sind hydraulische Zylinder angebracht, welche das auf Schwenken der Beladeeinrichtung ermöglichen. Für die in diesem Buch betrachtete Konstruktion ist sie von großer Bedeutung, da wir durch diese Lasche jene Kräfte, welche von den Zylindern hervorgerufen werden, aufbringen können.

Die Lasche würde mittels „Füllen" konstruiert, da einzig die Bohrung zur Aufnahme des Bolzens der Zylinder für die Berechnung essentiell war.

---

[40] Eigene Darstellung (Screenshot aus Pro/ENGINEER)

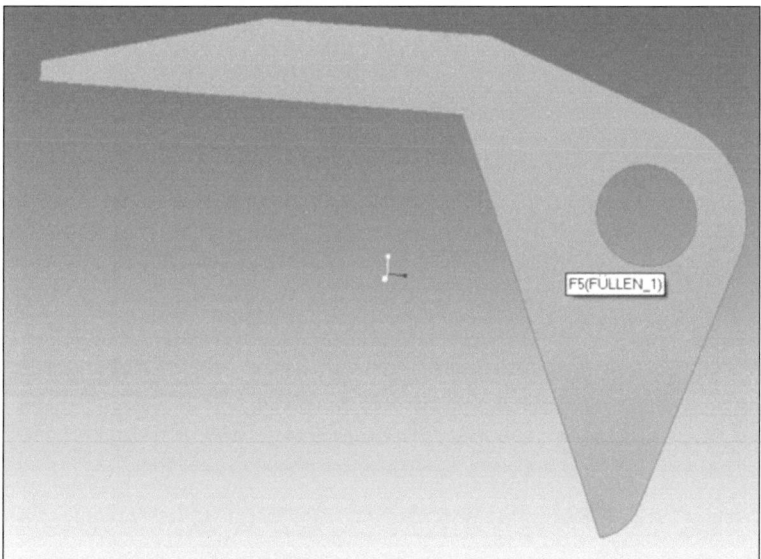

Darstellung 18: Blechkonsole Heck[41]

4.2.4.7 Verstärkungsblech Dach

Das auf **Darstellung 19** ersichtliche Blech dient zur Verstärkung des Daches am vorderen Teil des Müllcontainers, also oberhalb des Ölbehälters. Da in diesem Bereich nur noch minimale Spannungen auftreten, ist es nicht vonnöten, ein Vierkant-Rohr oder ähnliches, wie es bei der Beladeeinrichtung der Fall ist, anzubringen.

---

[41] Eigene Darstellung (Screenshot aus Pro/ENGINEER)

Darstellung 19: Verstärkungsblech Dach[42]

4.3 Ermittlung der auftretenden Kräfte und Drücke

Neben der Konstruktion des Schalenmodells müssen auch noch jene Kräfte und Drücke berechnet werden, welche auf die Konstruktion einwirken. Diese wurden nachfolgend im Berechnungsprogramm Pro/MECHANICA von PTC eingegeben, um die Finite Elemente Berechnung starten zu können.

Die Belastungen des Containers ergeben sich durch das Eigengewicht des transportierten Mülls im Container, den Belastungen beim Befüllen des Containers durch die Hebeeinrichtung und das Presswerk am Heck des Fahrzeuges sowie durch den Pressstempel im vorderen Bereich des Containers. Die Belastungen wurden durch den Hydraulikdruck der Anlage ermittelt.

---

[42] Eigene Darstellung (Screenshot aus Pro/ENGINEER)

4.3.1 Grundsätzliche Überlegungen

Die erste grundsätzliche Überlegung bestand darin zu definieren, welche Kräfte auf den Behälter einwirken. Die einzige unveränderliche Kraft, die auf das Bauteil einwirkt, ist die Zylinderkraft des Ausstoßschildes.

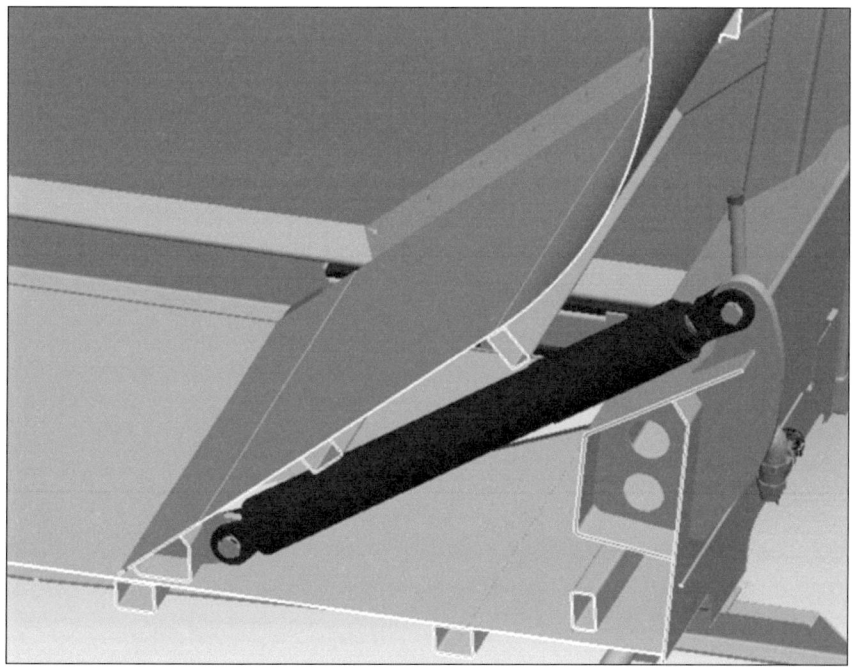

Darstellung 20: Dreistufiger Teleskopzylinder[43]

Eine weitere Annahme war es, dass mittels der Zylinderkraft jene Kraft errechnet werden kann, die auf die projizierende Fläche des Ausstoßschildes wirkt.

Eine sich daraus ableitende Überlegung befasst sich damit, dass diese projizierende Kraft auf alle Seitenflächen, auf die Bodenfläche und auf die Dachfläche wirkt. Das heißt schlussendlich, dass eine Kraftverteilung, wie wenn der Behälter mit Wasser befüllt wäre, angenommen werden kann. Wasser würde alle Hohlräume ausfüllen; jedes Flächenstück würde mit dem gleichen Oberflächendruck belastet werden.

---

[43] Eigene Darstellung (Screenshot aus Pro/ENGINEER)

4.3.2 Berechnung der Zylinderkraft

Zur Verwendung kommt ein dreistufiger Teleskopzylinder. Laut hydraulischen Schaltplan[44] bringt dieser Zylinder einen Druck von 220bar zustande. Der Durchmesser des kleinsten der drei Zylinder beträgt 55mm[45]. Mit diesen Angaben kann die Kraft errechnet werden, die der Zylinder aufbringt, um das Ausstoßschild zu bewegen.

Berechnung der Zylinderkraft:

Angaben:
Druck, den der Zylinder aufbringt: $p := 220\,\text{bar}$
Zylinderdurchmesser innerste Stufe: $d := 55\,\text{mm}$

Berechnung:

Zylinderkolbenfläche: $A := \dfrac{d^2 \cdot \pi}{4}$

$A = 2375.83\,\text{mm}^2$

Kraft, die der Zylinder aufbringt;
Kraft=Fläche*Druck: $F := A \cdot p$

$F = 5.227 \times 10^4\,\text{N}$

Da man zur Berechnung der Aufgabenstellung nur eine Hälfte des 3D-Modells benötigt, wirkt auf diese auch nur die halbe Zylinderkraft. Deshalb ergibt sich eine resultierende Zylinderkraft $F=2{,}613 \times 10^4\,\text{N}$.

Da der Behälter in beiden Hälften symmetrisch belastet wird, das heißt, es wirken dieselben Drücke, Kräfte etc., und das Modell symmetrisch mit den gleichen Randbedingungen gelagert ist, kann die gesamte weitere Berechnung mit nur einer Behälterhälfte vorgenommen werden. Daraus ergibt sich, dass nur die halbe

---

[44] Wert aus hydraulischen Schaltplan der Firma M-U-T Maschinen Umwelttechnik Transportanlagen
[45] Wert aus hydraulischen Schaltplan der Firma M-U-T Maschinen Umwelttechnik Transportanlagen

Zylinderkraft auf den halben Behälter wirkt, da die Wirklinie der Kraft genau in der Symmetrielinie liegt.

Aufgrund der Randbedingungen (siehe **Kapitel 4.6.2**, Symmetrierandbedingung) ist in Pro/MECHANICA definiert, dass es sich um ein symmetrisches Modell handelt.

In der **Darstellung 21** ist der halbe Behälter mit der Symmetrieebene (mittige, schwarze Ebene) ersichtlich.

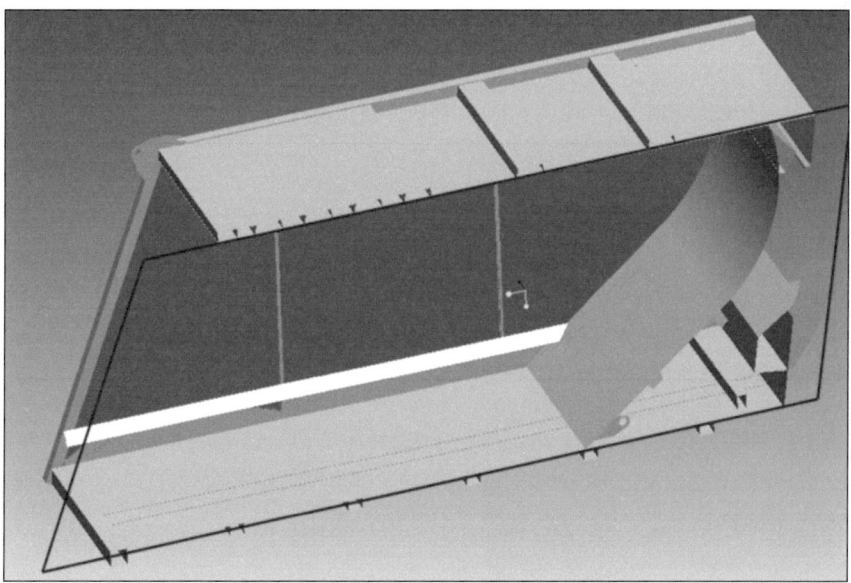

Darstellung 21: Modellierte Behälterhälfte mit Symmetrieebene[46]

4.3.3 Berechnung des Druckes auf die Behälteraußenflächen

Um den Druck mittels der Zylinderkraft berechnen zu können, muss erst die projizierende Fläche des Ausstoßschildes errechnet werden. Die Höhe und Breite der Fläche wurden mittels Messfunktion in Pro/ENGINEER ermittelt und sind in **Darstellung 22** und **Darstellung 23** ersichtlich.

---

[46] Eigene Darstellung (bearbeiteter Screenshot aus Pro/ENGINEER)

Darstellung 22: Breite des Behälters[47]

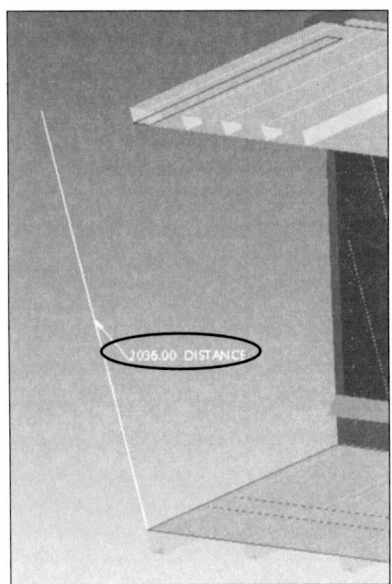

Darstellung 23: Höhe des Behälters[48]

---

[47] Screenshot aus Pro/ENGINEER
[48] Screenshot aus Pro/ENGINEER

Es ergibt sich eine Breite von 1.142mm und eine Höhe von 2.036mm des Behälters.

Mit diesen Angaben kann jener Druck errechnet werden, der auf die Behälterflächen wirkt, und zwar ist dies jener Druck, der auch auf die projizierende Ausstoßschildfläche wirkt.

Berechnung der Spannung auf die Behälterflächen:

Angaben:
Resultierende halbe Zylinderkraft: $F := 2.613 \cdot 10^4 \, N$
Breite des Behälters: $b := 1142 \, mm$
Höhe des Behälters: $h := 2036 \, mm$

Berechnung:
projizierende Fläche: $A_{proj} := b \cdot h$
$A_{proj} = 2.325 \, m^2$

Druck, welcher auf projizierende Fläche wirkt:
$p_{proj} := \dfrac{F}{A_{proj}}$

$p_{proj} = 0.01124 \, \dfrac{N}{mm^2}$

Auf die Seitenwände, im Anwendungsfall nur auf eine Seitenwand, da wir nur eine Hälfte modelliert haben, auf den Boden, auf das Dach und auf das Ausstoßblech wirken 0,01124N/mm².

4.3.4 Berechnung der Dachkastenkraft

Zusätzlich zum Druck, der auf alle Behälterflächen wirkt, wirkt auf die Kastenbauform noch eine zusätzliche Kraft bzw. ein zusätzlicher Druck. Diese Kraft kommt zustande, indem der Zylinder, der die Schlittenwand der Beladeeinrichtung bewegt, nach oben fährt. Der Müll wird komprimiert, indem er mittels der sich nach oben bewegenden Schlittenwand gegen das Dach bewegt wird.

Die beiden Zylinder zum Bewegen der Schlittenwand (beidseitig angeordnet) bringen einen Druck von 220bar zustande. Es muss eine Umrechnung des Zylinderdruckes auf den Druck auf die belastete, projizierende Fläche erfolgen.

Um Verformungen des Daches, resultierend aus diesem hohen Druck, zu vermeiden, ist das Dach in Kastenbauform ausgeführt.

In der nachfolgenden Abbildung erkennt man die Lage der Zylinder und des Daches, welches in Kastenbauform ausgeführt ist.

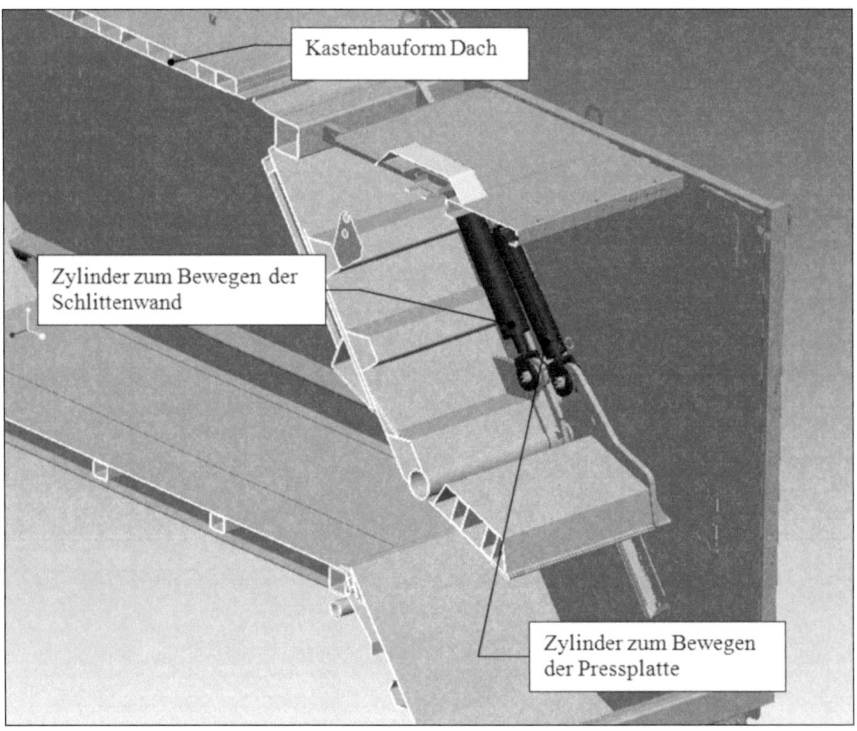

Darstellung 24: Behälter[49]

Für die Berechnung wird angenommen, dass jene Dachfläche zusätzlich mit dem nachfolgend berechneten Druck belastet wird, die in Kastenbauform ausgeführt ist.

Um den Druck mittels der Schlittenwandzylinderkraft berechnen zu können, muss erst die Fläche des Kastenaufbaues des Daches berechnet werden. Die Höhe und

---

[49] Eigene Darstellung (bearbeiteter Screenshot aus Pro/ENGINEER)

Breite der Fläche wurden mittels Messfunktion in Pro/ENGINEER ermittelt und sind auf **Darstellung 25** und **Darstellung 26** ersichtlich.

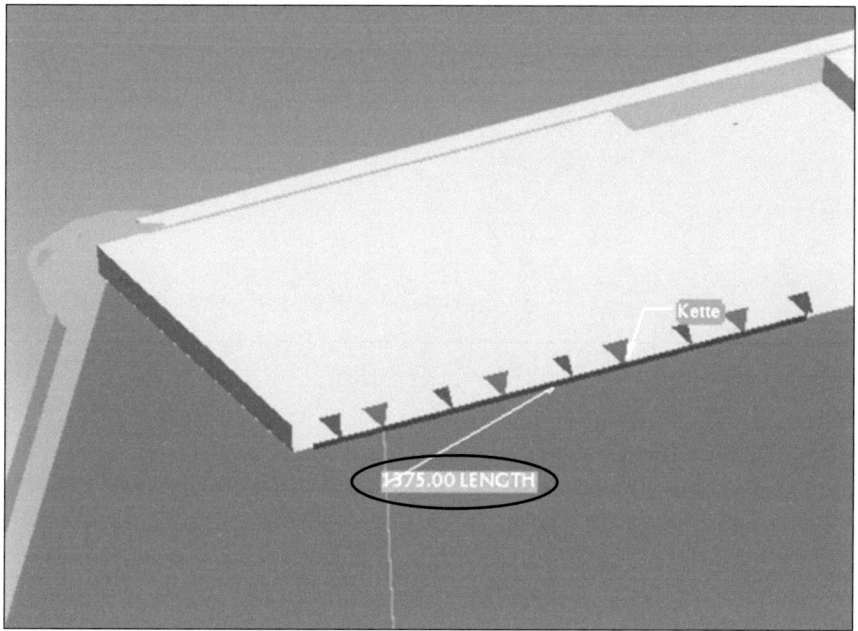

Darstellung 25: Länge Kastenbauform[50]

---

[50] Eigene Darstellung (bearbeiteter Screenshot aus Pro/ENGINEER)

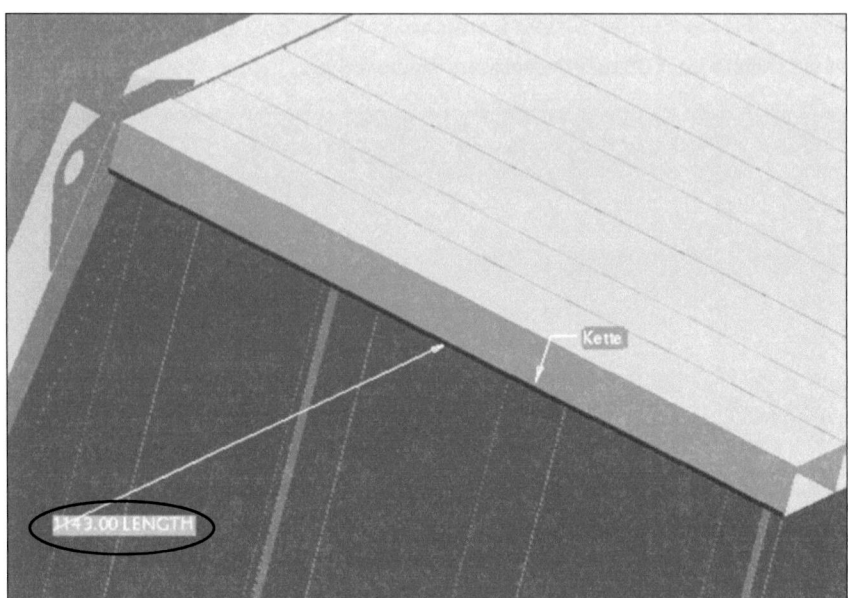

Darstellung 26: Breite Kastenbauform[51]

Es ergibt sich eine Länge von 1.375mm und eine Breite von 1.143mm des Kastenaufbaues des Behälters.

---

[51] Eigene Darstellung (bearbeiteter Screenshot aus Pro/ENGINEER)

Berechnung des Druckes auf die Fläche der Kastenbauform:

Angaben:

Breite des Kastenaufbaues:	$b_D := 1143\,mm$
Länge des Kastenaufbaues:	$l_D := 1375\,mm$
Druck, den der Zylinder aufbringt:	$p := 220\,bar$

Berechnung:

Zylinderkolbenfläche Schlittenwand:
$$A_{ZS} := \frac{d^2 \cdot \pi}{4}$$
$$A_{ZS} = 2375.83 \cdot mm^2$$

Kraft, die der Zylinder aufbringt;
Kraft=Fläche*Druck:
$$F_{ZS} := A_{ZS} \cdot p$$
$$F_{ZS} = 5.227 \times 10^4 \cdot N$$

belastete Fläche:
$$A_D := b_D \cdot l_D$$
$$A_D = 1.572\,m^2$$

Spannung, welche auf die Kastenaufbaufläche wirkt:
$$p_D := \frac{F_{ZS}}{A_D}$$
$$p_D = 0.03326 \cdot \frac{N}{mm^2}$$

Es wirkt schlussendlich neben dem Druck, welcher auf alle Behälterflächen wirkt, noch ein zusätzlicher Druck von 0,03326 N/mm².

4.3.5 Berechnung der Zylinderkraft auf das Ausstoßschild

Um die Zylinderkraft, welche auf das Ausstoßschild wirkt, berechnen zu können, muss die Zylinderkraft in ihre x- und y- Komponente zerlegt werden, da der Zylinder in schiefer Lage montiert ist. Nur die x- Komponente der Zylinderkraft ist dafür zuständig, das Ausstoßschild zu bewegen.
Für den Berechnungsfall ist daher nur die Kraft in x- Richtung wichtig.

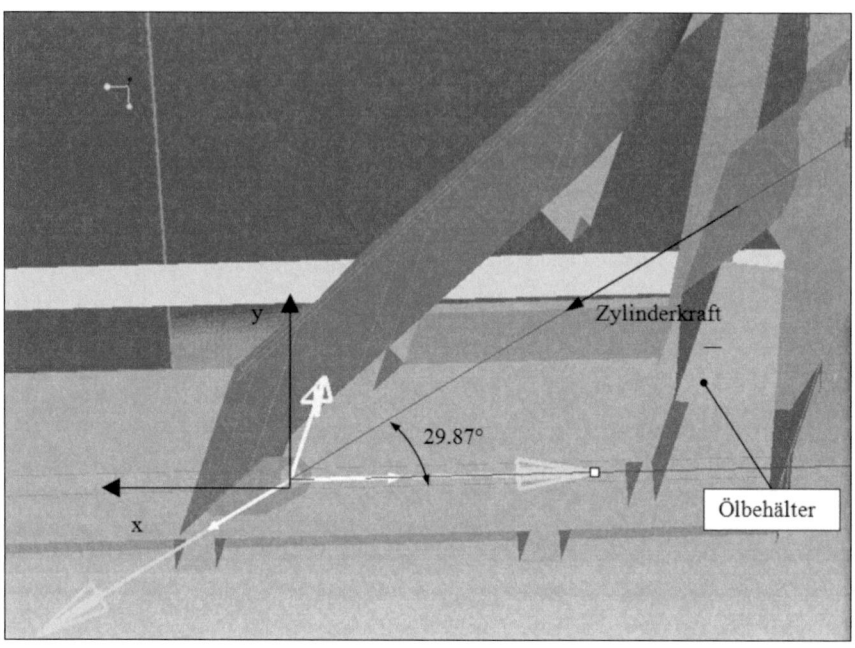

Darstellung 27: Koordinatensystem, Winkel und Zylinderkraft[52]

Der Angriffswinkel der Zylinderkraft konnte mittels Messfunktion (Winkel messen) in Pro/ENGINEER ermittelt werden. Das hier angewendete Koordinatensystem ist nur für das Verständnis für die Zerlegung der Zylinderkraft in ihre Komponenten dargestellt.

Berechnung der x- Komponente der Zylinderkraft:

Angaben:

resultierende Kraft => halbe Zylinderkraft, da halbe Druckangriffsfläche (Symetrie)

$F_Z := 2.613 \cdot 10^4 \, N$

Berechnung:

x- Komponente der Zylinderkraft:

$F_{Zx} := F_Z \cdot \cos(29.87°)$

$F_{Zx} = 2.266 \times 10^4 \, N$

Die x- Komponente der Zylinderkraft beträgt $2{,}266 \cdot 10^4 N$.

---

[52] Eigene Darstellung (bearbeiteter Screenshot aus Pro/ENGINEER)

4.3.6 Berechnung der Kufenkraft und des Kufendruckes

Die Kufenkraft des Ausstoßschildes ist die Auflagerkraft des Ausstoßschildes. Das Ausstoßschild liegt mittels Kufen am Behälterboden auf.

Die Kufenkraft ist jene Kraft, die von der Zylinderkraft und der projizierenden Flächenkraft des Ausstoßschildes bewirkt wird. Die Kraft wirkt normal auf den Behälterboden.

Um die resultierenden Kräfte auf die Kufen zu berechnen, wird ein externes Modell von dem Ausstoßschild angefertigt. Im Pro/MECHANICA- Modul wurde das Modell mit dem Oberflächendruck und der Zylinderkraft belastet (siehe **Darstellung 28**).

Erst muss das Ausstoßschild mittels Pro/ENGINEER neu modelliert werden. Anschließend wird im Pro/MECHANICA Modul das Modell mit dem Oberflächendruck und der resultierenden Zylinderkraft in x- Richtung belastet.

Die Randbedingungen wurden so gewählt wie im Gesamtmodell (siehe **Kapitel 4.6.4**, Randbedingungen am Ausstoßschild).

Anschließend wird eine Messgröße an der Kufe angebracht. Diese dient dazu, die Kraft, die normal auf den Behälterboden wirkt, zu ermitteln (Kufenkraft).

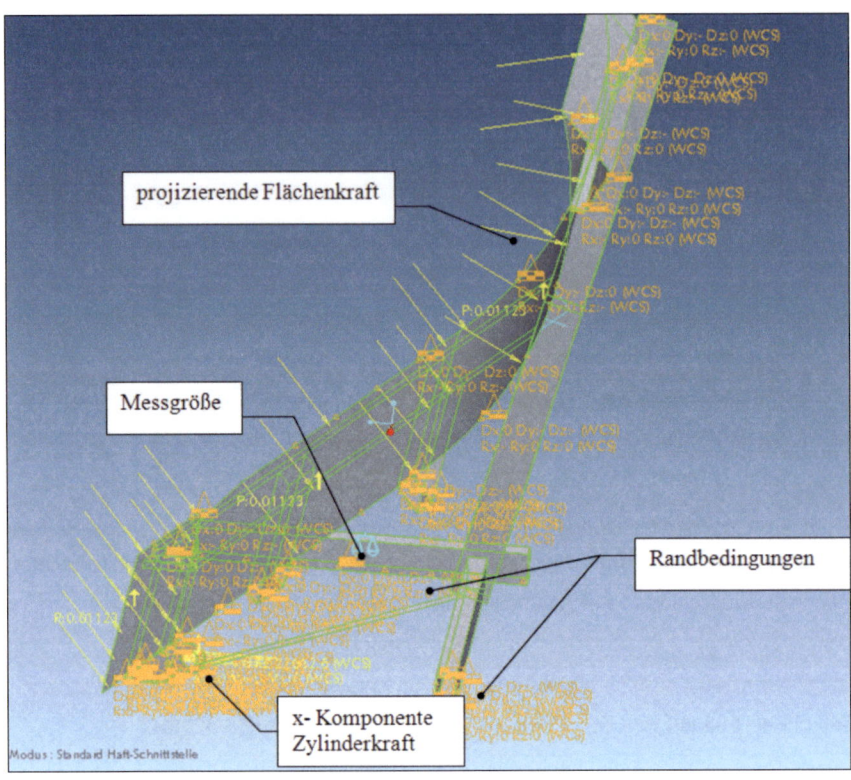

Darstellung 28: Modell Ausstoßschild mit Belastungen[53]

Das Ergebnis des Finite Elemente Rechenlaufes ist die Kraft, welche als Resultierende normal auf die Bodenfläche wirkt.

---

[53] Eigene Darstellung (bearbeiteter Screenshot aus Pro/MECHANICA)

```
Lastsatz: LoadSet1: ASM0001

    Resultierende Last auf Modell:
       in globale X-Richtung: -1.473673e-08
       in globale Y-Richtung: -1.701556e+04
       in globale Z-Richtung: -2.700187e+03

    Messgrößen:

       Name                  Wert            Konvergenz
       ---------------       --------------  ----------
       max_beam_bending:     0.000000e+00      0.0%
       max_beam_tensile:     0.000000e+00      0.0%
       max_beam_torsion:     0.000000e+00      0.0%
       max_beam_total:       0.000000e+00      0.0%
       max_disp_mag:         5.224944e+00      0.1%
       max_disp_x:           3.638009e-01      0.6%
       max_disp_y:          -4.108472e+00      0.1%
       max_disp_z:          -3.228080e+00      0.0%
       max_prin_mag:         3.332412e+03      4.7%
       max_rot_mag:          1.583286e-01      1.0%
       max_rot_x:           -3.170653e-02      0.4%
       max_rot_y:            1.596780e-02      0.7%
       max_rot_z:            1.583286e-01      1.0%
       max_stress_prin:      3.332412e+03      4.7%
       max_stress_vm:        2.967078e+03      5.3%
       max_stress_xx:        2.506031e+03     13.2%
       max_stress_xy:        3.902800e+02     10.1%
       max_stress_xz:        4.872761e+02     15.7%
       max_stress_yy:        1.806877e+03      4.4%
       max_stress_yz:        1.125079e+03      9.1%
       max_stress_zz:        2.502669e+03      2.0%
       min_stress_prin:     -2.708909e+03      2.5%
       strain_energy:        3.762728e+04      0.5%
       Auflager_Kufe:        1.701556e+04      0.0%

Analyse "Ausstossplatte" abgeschlossen    (19:03:47)
```

Darstellung 29: Analyseergebnis Ausstoßplatte[54]

Aus der Ergebnisliste ist ersichtlich, dass die resultierende Kraft normal auf die Bodenfläche 1,701556*10^{4}N beträgt.

Als nächstes wird diese Kraft in Druck unter Berücksichtigung der Kufenfläche umgerechnet. Dieser Druck wird anschließend als Belastung für die Bodenfläche des Gesamtmodells eingegeben.

---

[54] Eigene Darstellung (Screenshot aus Pro/MECHANICA)

Um den Druck mittels der Kufenkraft berechnen zu können, muss erst die Fläche der Kufe berechnet werden. Die Länge und Breite der Fläche wurden mittels Messfunktion in Pro/ENGINEER ermittelt (siehe **Darstellung 30** und **Darstellung 31**).

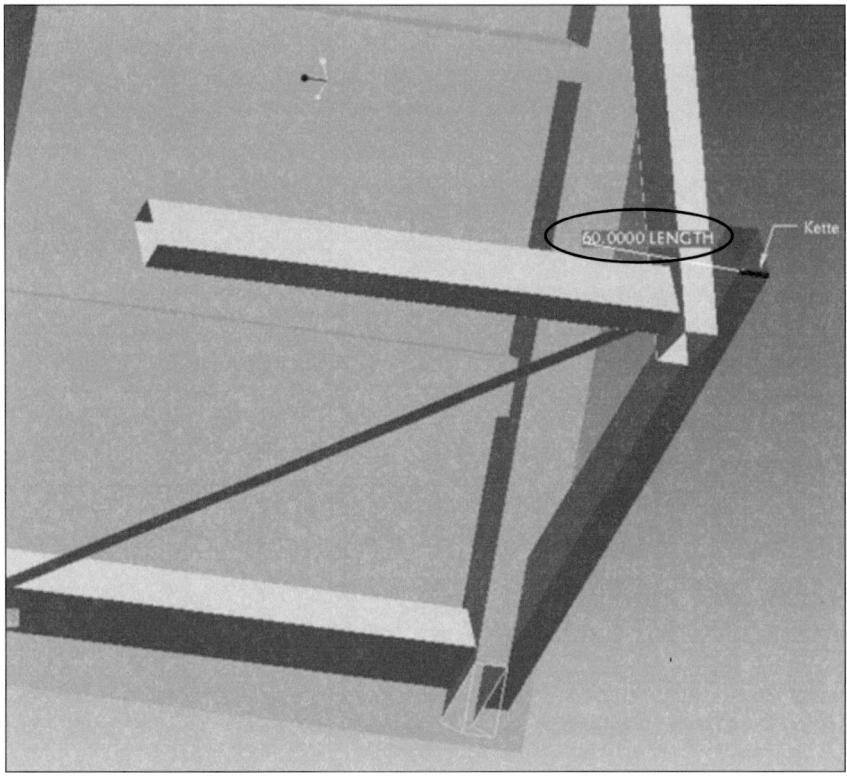

Darstellung 30: Breite der Kufe[55]

---

[55] Eigene Darstellung (bearbeiteter Screenshot aus Pro/ENGINEER)

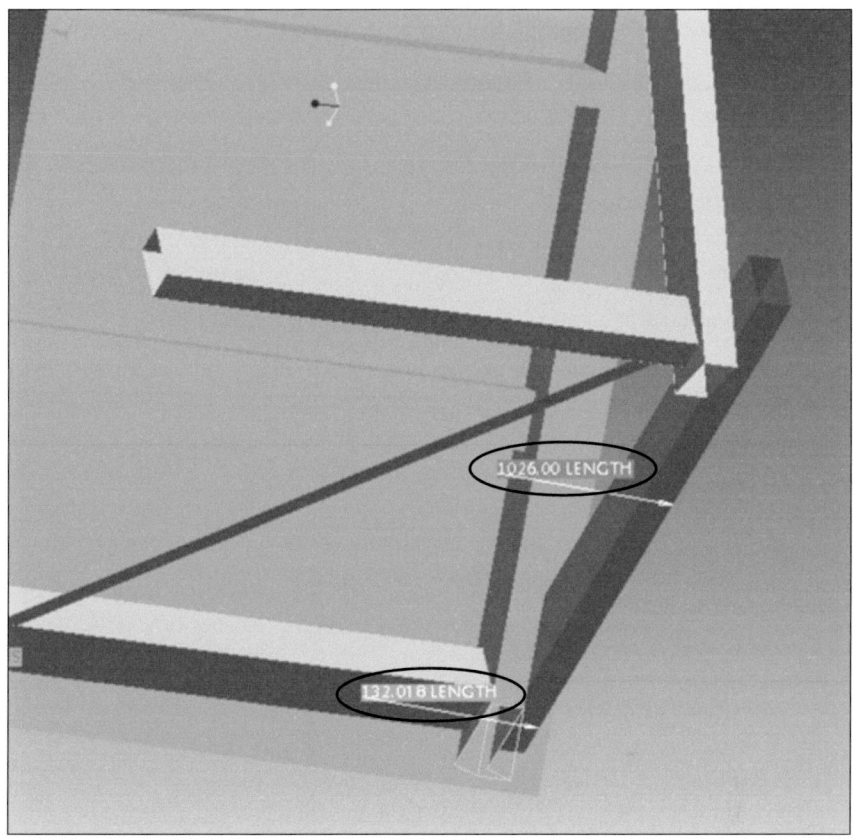

Darstellung 31: Länge der Kufe[56]

Bei der Messung der Kufenlänge erhalten wir zwei Werte, da der Kufenrahmen in zwei Teilschritten modelliert wurde. Die Gesamtlänge der Kufe ergibt sich aus der Summe der beiden Teillängen.

Es ergibt sich eine Länge von 1.158mm und eine Breite von 60mm.

---

[56] Eigene Darstellung (bearbeiteter Screenshot aus Pro/ENGINEER)

Berechnung der Kufenspannung:

Angaben:

resultierende Kufenkraft normal auf die
Behälterbodenfläche: $F_K := 1.701556 \cdot 10^4 \, N$

Breite der Kufe: $b_K := 60 \, mm$

Länge der Kufe: $l_K := 1158 \, mm$

Berechnung:
Kufenfläche: $A_K := b_K \cdot l_K$

$A_K = 0.069 \, m^2$

Kufendruck (Druck auf Behälterboden): $p_K := \dfrac{F_K}{A_K}$

$p_K = 0.244899 \, \dfrac{N}{mm^2}$

Der Druck der Kufe auf den Behälterboden beträgt 0,244899N/mm².

4.3.7 Berechnung der Konsolenkraft und Normalkraft

Durch die Konsole ist mit einem Bolzen die Beladeeinrichtung am Behälter befestigt. Die Konsole muss daher mit der Gewichtskraft der Beladeeinrichtung belastet werden.

Die Beladeeinrichtung stützt sich auch am Behälterrahmen ab, wie auf der nachfolgenden Abbildung ersichtlich. Ein Teil der Gewichtskraft wird daher vom Rahmen aufgenommen.

In der Berechnung muss ebenfalls die Reibung zwischen Behälter und Beladeeinrichtung berücksichtigt werden. Die Reibzahl µ kann bei der Reibung zwischen zwei Stahlbauteilen mit µ=0,2 gewählt werden.

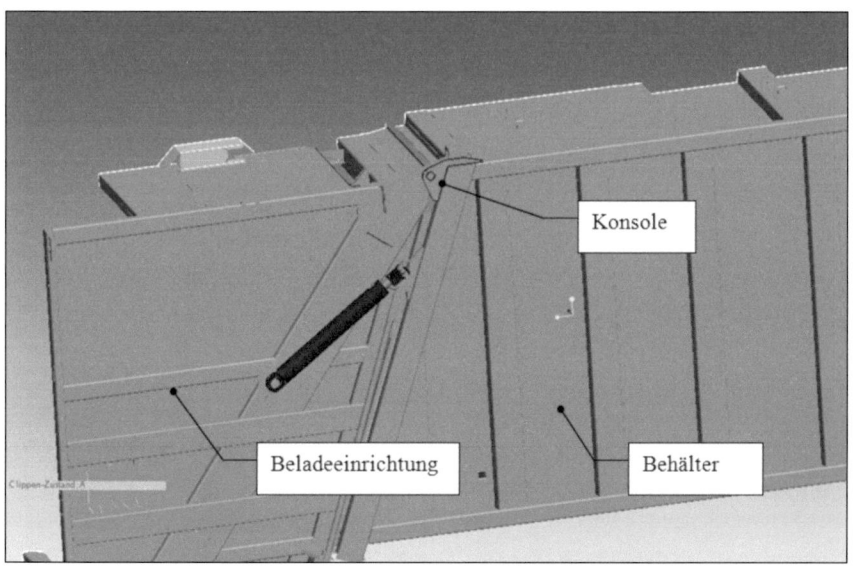

Darstellung 32: Befestigung der Beladeeinrichtung mittels Konsole[57]

Die Beladeeinrichtung wiegt 2.700kg, weiters kann sich Müll in der Mulde der Beladeeinrichtung mit einem Gewicht von 850kg ansammeln[58]. Es ergibt sich somit ein Gesamtgewicht von 3.550kg.

Da nur eine Hälfte des Behälters betrachtet wird, wird auch nur mit dem halben Gewicht der Beladeeinrichtung gerechnet. Es ergibt sich somit ein Gewicht von 1.775kg.

Für die anschließende Berechnung der Konsolenkraft und der Normalkraft am Behälterrahmen muss erst der Winkel des Behälterrahmens ermittelt werden.
Der Winkel der Behälterwand kann mittels Messfunktion („Winkel messen") in Pro/ENGINEER ermittelt werden.

---

[57] Eigene Darstellung (bearbeiteter Screenshot aus Pro/ENGINEER)
[58] Anmerkung: Werte laut Firma M-U-T Maschinen Umwelttechnik Transportanlagen

Darstellung 33: Winkelmessung am Behälterrahmen[59]

Für den zu berechnenden Fall ist der Winkel α mit 69,444° (= 180° - 110,556°) interessant.

Mit dieser Information kann mit der Berechnung der Normalkraft und der Konsolenkraft begonnen werden. Die nachfolgende **Darstellung 34** zeigt das 3D-Modell mit dargestellten Kraftvektoren.

---

[59] Eigene Darstellung (bearbeiteter Screenshot aus Pro/ENGINEER)

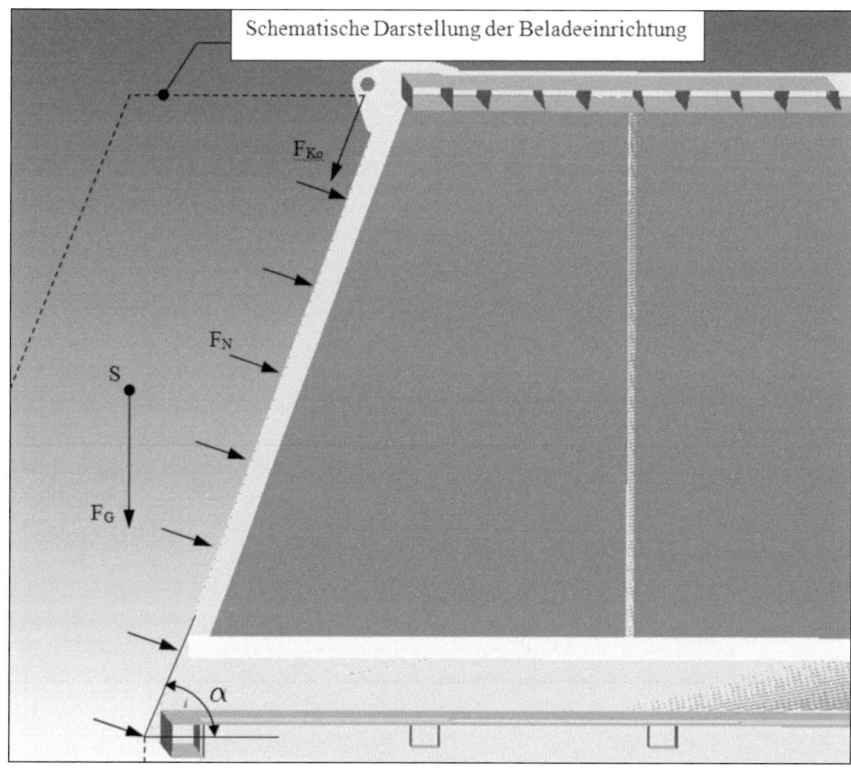

Darstellung 34: Kraftvektoren Beladeeinrichtung[60]

Legende:

F_N...Normalkraft

F_G...Gewichtskraft

S...Schwerpunkt Beladeeinrichtung

F_{Ko}....Konsolenkraft

F_R...Reibkraft

Bekannt sind der Winkel α und die Gewichtskraft F_G. Um die unbekannte Normalkraft F_N und Konsolenkraft F_{Ko} berechnen zu können, wird als Berechnungsmodell einen Klotz auf schiefer Ebene mit gleichförmiger Abwärtsbewegung angenommen.

---

[60] Eigene Darstellung (bearbeiteter Screenshot aus Pro/ENGINEER)

Im Praxisbeispiel wird die Beladeeinrichtung als Klotz gewählt, der Behälter als schiefe Ebene. Es ergibt sich nun folgendes Berechnungsmodell:

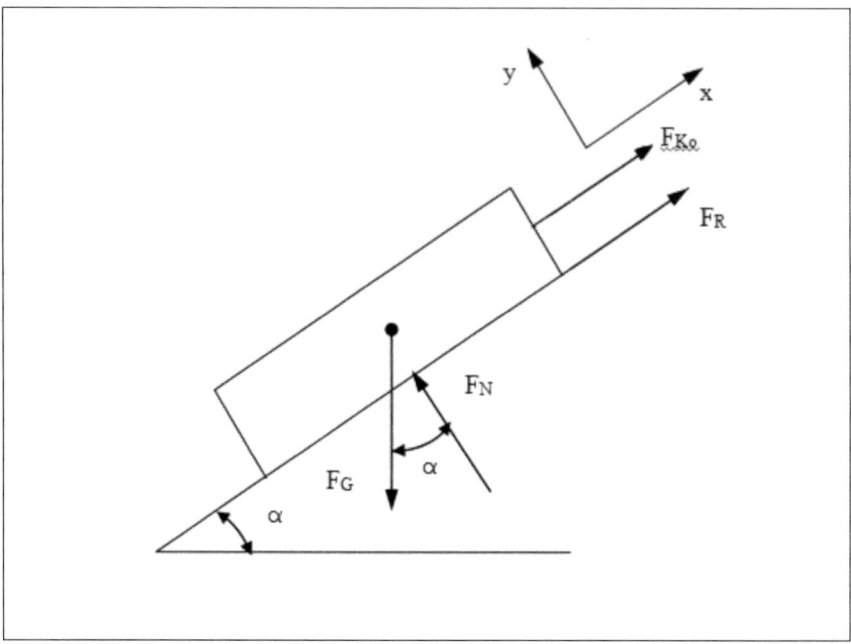

Darstellung 35: Klotz auf schiefer Ebene (freigemacht)[61]

Laut dieser Skizze wurde die weitere Berechnung durchgeführt:

Berechnung der Konsolenkraft und der Normalkraft

Angaben:

Masse Beladeeinrichtung: $\quad m_B := 1775\,kg$

Reibzahl μ: $\quad \mu := 0.2$

Winkel α: $\quad \alpha := 69.444\,°$

Berechnung:

Gewichtskraft Beladeeinrichtung: $\quad F_G := m_B \cdot g$

$$F_G = 1.741 \times 10^4\,N$$

$\Sigma F_x = 0$

$\quad 0 = F_{Ko} + F_R - F_G \sin(\alpha)$

$\Sigma F_y = 0$

$\quad 0 = F_N - F_G \cos(\alpha)$

$F_N := F_G \cos(\alpha)$ $\quad$ aus Summe F_y

$F_N = 6.11192 \times 10^3\,N$

$F_R := \mu \cdot F_N$ $\quad$ laut Mechanik - Reibungsgesetz

$F_R = 1.222 \times 10^3\,N$

$F_{Ko} := F_G \sin(\alpha) - F_R$ $\quad$ aus Summe F_x

$F_{Ko} = 1.50761 \times 10^4\,N$

Aus der Berechnung ist ersichtlich, dass die Normalkraft auf den Rahmen 6,11192*10³N und die Konsolenkraft 1,50761*10⁴N betragen.

Zuletzt muss noch die Normalkraft auf den Behälterrahmen in eine Druckspannung umgewandelt werden. Dazu wird die Rahmenfläche benötigt, auf der die Beladeeinrichtung aufliegt und dadurch auf die Rahmenfläche eine Druckkraft erzeugt.

Die Länge und Breite der Rahmenfläche werden mittels Messfunktion in Pro/ENGINEER ermittelt.

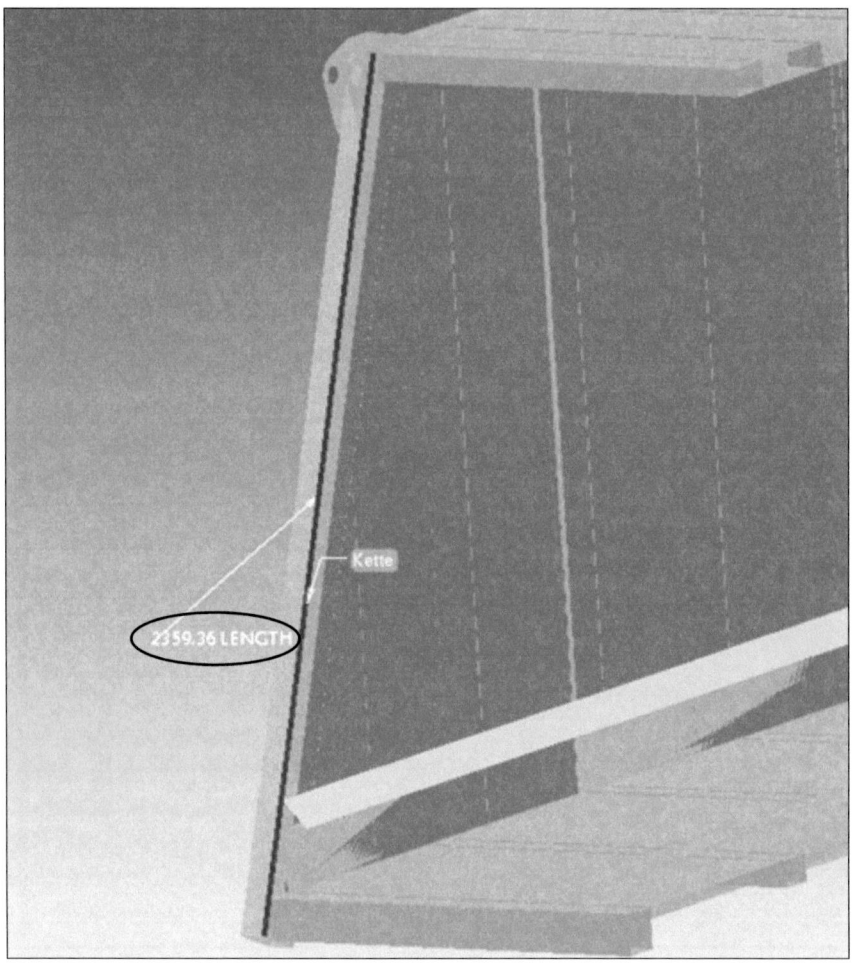

Darstellung 36: Rahmenlänge[62]

Die Rahmenlänge beträgt, wie auf ersichtlich, etwa 2.359mm.
Die Rahmenbreite beträgt 80mm. Diese ergibt sich aus der Verwendung eines Vollhohlprofiles mit dem Abmaß 160x80x6,3.

---

[62] Eigene Darstellung (bearbeiteter Screenshot aus Pro/ENGINEER)

Berechnung des Druckes auf den Behälterrahmen:

<u>Angaben:</u>

Normalkraft Beladeeinrichtung: $\quad F_{NB} := 6.11192 \cdot 10^3 \, N$

Breite des Rahmens: $\quad b_R := 80 \, mm$

Länge der Kufe: $\quad l_R := 2359 \, mm$

<u>Berechnung:</u>

Rahmenfläche:
$$A_R := b_R \cdot l_R$$
$$A_R = 0.189 \, m^2$$

Druck auf Rahmenfläche:
$$p_R := \frac{F_{NB}}{A_R}$$

$$p_R = 0.032386 \cdot \frac{N}{mm^2}$$

Der Druck auf die Rahmenfläche beträgt 0,032386 N/mm².

4.3.8 Berechnung der Konsolenkraft „Zylinderkraft-Schlittenwand"

Neben der im **Kapitel 4.3.7** errechneten Konsolenkraft, die das Gewicht der Beladeeinrichtung hervorruft, wirkt auf die Konsole auch noch eine Kraft, welche durch den Zylinder der Schlittenwand hervorgerufen wird. Wenn die Schlittenwand durch den Zylinder nach oben bewegt wird, verdichtet sich der Müll, indem er auf die Dachfläche gepresst wird. Es ergibt sich eine sogenannte Müllpresskraft. Da sich diese Kraft an der Konsole abstützt, muss auch diese Kraft berücksichtigt werden.

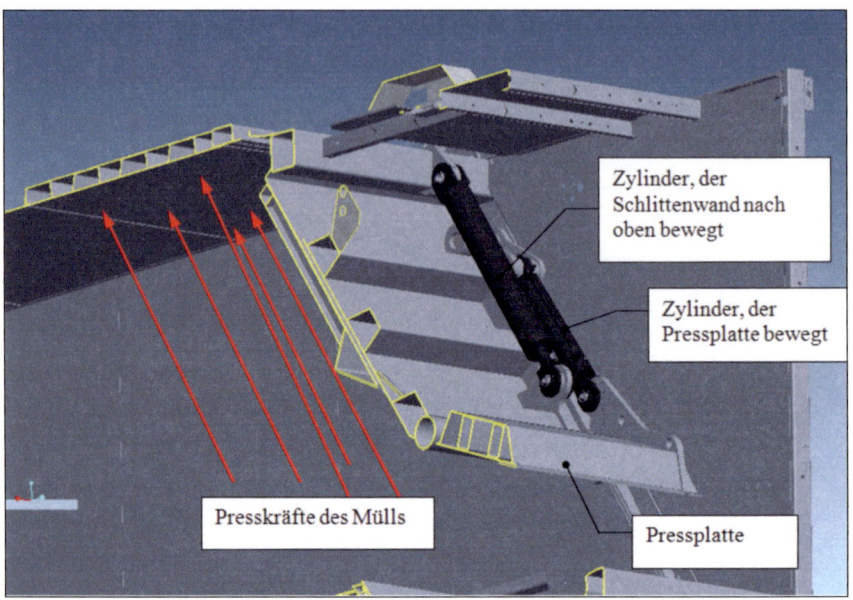

Darstellung 37: Kräfte beim Beladevorgang[63]

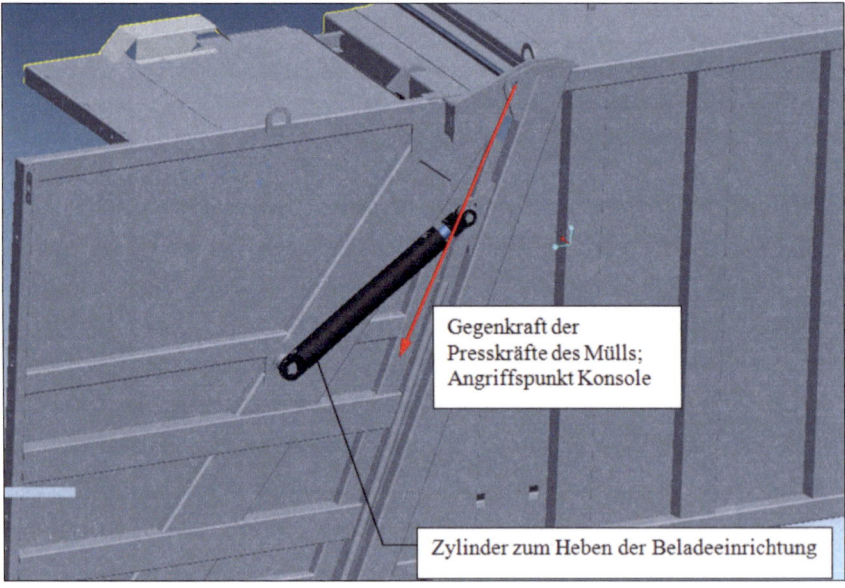

Darstellung 38: Gegenkraft beim Beladevorgang[64]

---

[63] Eigene Darstellung (bearbeiteter Screenshot aus Pro/ENGINEER)
[64] Eigene Darstellung (bearbeiteter Screenshot aus Pro/ENGINEER)

Detaillierte Erklärungen zum Beladevorgang sind im **Kapitel 4.1.1** zu finden.

In der **Darstellung 38** ist auch der Zylinder zum Heben der Beladeeinrichtung ersichtlich. Wenn das Müllsammelfahrzeug entleert werden soll, wird die Beladeeinrichtung durch diesen Zylinder nach oben geschwenkt, das Ausstoßschild wird nach vorne bewegt und der Müll wird aus dem Müllbehälter geschoben.

Da jedoch nur der Müllsammelbehälter im voll beladenen Zustand berechnet wird und nicht beim Entleeren, fließt diese Zylinderkraft nicht in die Berechnung ein. Nichtsdestotrotz wurde festgestellt, dass diese Zylinderkraft zu vernachlässigen ist, da, wenn die Beladeeinrichtung nach oben schwenkt, sich der Müll sofort aus dem zusammengepressten Zustand entlasten kann. Dadurch werden sich die Druckkräfte des Mülls auf die Behälterflächen verringern, die Kraft des Zylinders, der die Schlittenwand nach oben bewegt, entfällt zur Gänze. Insgesamt ist daher mit einer geringeren Belastung auf den Behälter als im beladenen Zustand zu rechnen, daher kann diese Zylinderkraft vernachlässigt werden.

Der Zylinder, der die Schlittenwand nach oben bewegt, hat laut Pro/ENGINEER Messfunktion einen Kolbendurchmesser von 55mm und bringt einen Druck von 220bar auf. Mit diesen Angaben kann somit eine Berechnung der Zylinderkraft erfolgen.

Berechnung der Zylinderkraft:

Angaben:
Druck, den der Zylinder aufbringt: $p := 220\,bar$
Zylinderdurchmesser: $d := 55\,mm$

Berechnung:

Zylinderkolbenfläche:
$$A := \frac{d^2 \cdot \pi}{4}$$
$$A = 2375.83\,mm^2$$

Kraft, die der Zylinder aufbringt:
$$F := A \cdot p$$

Kraft=Fläche*Druck:
$$F = 5.227 \times 10^4\,N$$

Wie auf **Darstellung 37** ist das Modell mittig geschnitten, das heißt, auch auf der gegenüberliegenden Seite ist ein gleicher Zylinder, der die Schlittenwand nach oben bewegt, angeordnet. Beide Zylinder sind gleichzeitig im Eingriff, das heißt, die Dachfläche wird durch den Pressdruck von 220bar belastet.

4.3.9 Berechnung des Eigengewichts des Mülls

Da der Behälter im voll beladenen Zustand untersucht wird, muss als resultierende Kraft die Müllgewichtskraft übrig bleiben. Um die Gewichtskraft des Mülls berechnen zu können, wird das Fassungsvermögen des Behälters und die Dichte des Mülls benötigt.

Im Durchschnitt kann von einer Mülldichte nach dem Pressvorgang von 500kg/m³ ausgegangen werden[65]. Dazu ist anzumerken, dass die Mülldichte je nach Müllart- und Müllzusammensetzung stark schwanken kann.

Für den in diesem Buch dargestellten Berechnungsfall wird der Erfahrungswert von 500kg/m³ Müllgewicht angenommen. Das Fassungsvermögen des Behälters beträgt 20m³ [66].

---

[65] Anmerkung: Erfahrungswert M-U-T Maschinen Umwelttechnik Transportanlagen
[66] Anmerkung: Spezifikationswert M-U-T Maschinen Umwelttechnik Transportanlagen

Berechnung der Müllgewichtskraft:

<u>Angaben:</u>

Fassungsvermögen Behälter: $V_B := 20 m^3$

Mülldichte: $\rho_M := 500 \frac{kg}{m^3}$

<u>Berechnung:</u>

Masse des Mülls:
$m_M := V_B \cdot \rho_M$
$m_M = 1 \times 10^4 \, kg$

Gewichtskraft des Mülls:
$F_M := m_M \cdot g$
$F_M = 9.807 \times 10^4 \, N$

Da nur der halbe Behälter betrachtet wird, halbiert sich die Gewichtskraft des Mülls. Die Gewichtskraft des Mülls beträgt schlussendlich $4,9035 \times 10^4 N$.

Als resultierende Kraft muss nach Eingabe aller Kräfte und Drücke auf den Container die Müllgewichtskraft von $4,9035 \times 10^4 N$ übrig bleiben. Erst dann sind die Kräfte und Drücke, die auf den Behälter wirken, im Gleichgewicht.

Daher erfolgt im nächsten Schritt die Bestimmung der resultierenden Kraft normal auf die Bodenfläche (y- Richtung). Dies kann mittels der Pro/ENGINEER Funktion „Gesamtlast überprüfen" erreicht werden. Diese Funktion ermittelt die resultierenden Kräfte in allen drei Koordinatenrichtungen.
Als Angaben benötigt die „Gesamtlast überprüfen"- Funktion die auf das Modell wirkenden Kräfte, Drücke und Spannungen. Aus diesen Parametern errechnen sich die resultierenden Kräfte. Weiters muss noch ein Koordinatensystem, in dem die resultierenden Kräfte liegen sollen, gewählt werden. Als Standard ist das Globale Koordinatensystem gewählt, auch für die angegebene Berechnung wird diese verwendet.

Auf das Behältermodell wirken im ruhenden Zustand alle oben genannten Drücke und Kräfte bis auf jene Konsolenkraft, die die Schlittenwand nach oben bewegt, und der zusätzliche Druck auf den Kastenaufbau des Daches, der durch diese Konsolenkraft hervorgerufen wird. Die Schlittenwand bewegt sich nicht ständig, sondern nur während des Belade- und Pressvorganges. Deshalb muss diese Kraft bei der Funktion „Gesamtlast überprüfen" ausgeschlossen werden, wie auch der zusätzliche Druck auf den Kastenaufbau des Daches.

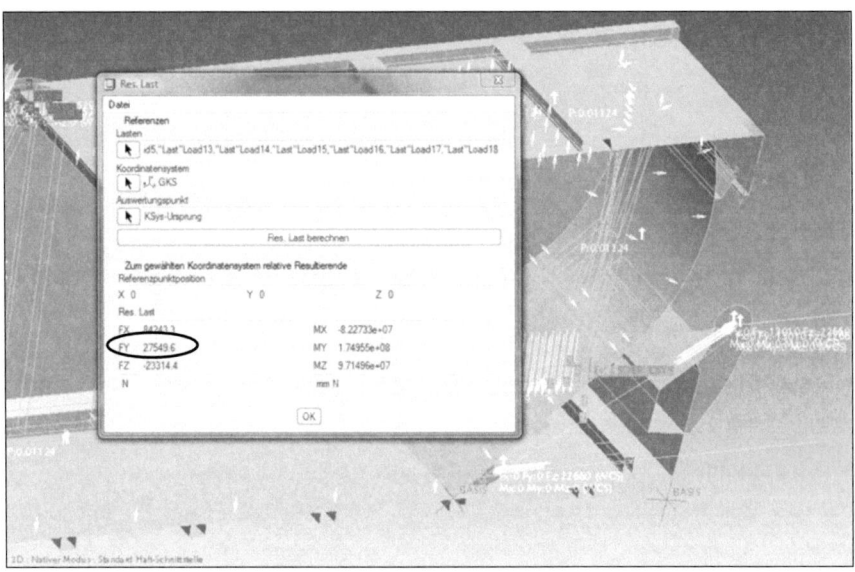

Darstellung 39: Resultierende Kraft auf den Boden[67]

Wie in **Darstellung 39** ersichtlich, wirkt in y- Richtung eine Kraft von etwa 27.550N. Wir benötigen jedoch in unserem Berechnungsfall eine resultierende Müllgewichtskraft von $4,9035*10^4$N.

Als Anmerkung sei angemerkt, dass sich alle eingegebenen Drücke und Kräfte in y- Richtung in etwa ausgleichen sollten, um ein Kräftegleichgewicht zu bilden. Da dies im beschriebenen Berechnungsmodell nicht der Fall ist, wird vermutlich noch ein zweiter Rechengang mit veränderten Kräften nötig sein. Um ein erstes Ergebnis zu erhalten und um aus diesem Fehler herauszufinden, welche Korrekturen

---

[67] Eigene Darstellung (Screenshot aus Pro/MECHANICA)

benötigt werden, um realistische Ergebnisse zu erhalten, wird jedoch mit den berechneten Lasten weiter gerechnet.

Die errechnete resultierende Last von 27.550N wird ebenfalls in die nachfolgende Berechnung miteinbezogen, um ein exaktes Kräftegleichgewicht zu erhalten.

Als zusätzliche Last auf den Behälterboden erhaltet man mittels:
Müllgewichtskraft F_M - resultierende Last = zusätzliche Last auf Behälterboden
49.035N – 27.550N = 21.485N

Somit muss auf die Bodenfläche des Behälters zusätzlich als Müllgewichtskraft eine resultierende Last von 21.485N wirken. Diese Kraft wird wieder in einen Flächendruck umgerechnet.

Dazu sind die Abmessungen der Bodenfläche erforderlich. Die Länge und Breite der Bodenfläche wurden mittels Messfunktion in Pro/ENGINEER ermittelt.

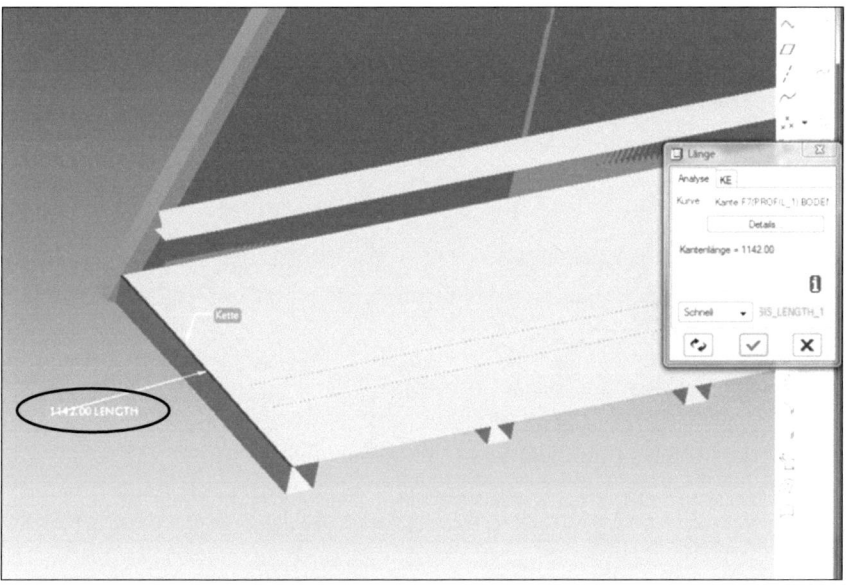

Darstellung 40: Breite Behälterboden[68]

---

[68] Eigene Darstellung (bearbeiteter Screenshot aus Pro/ENGINEER)

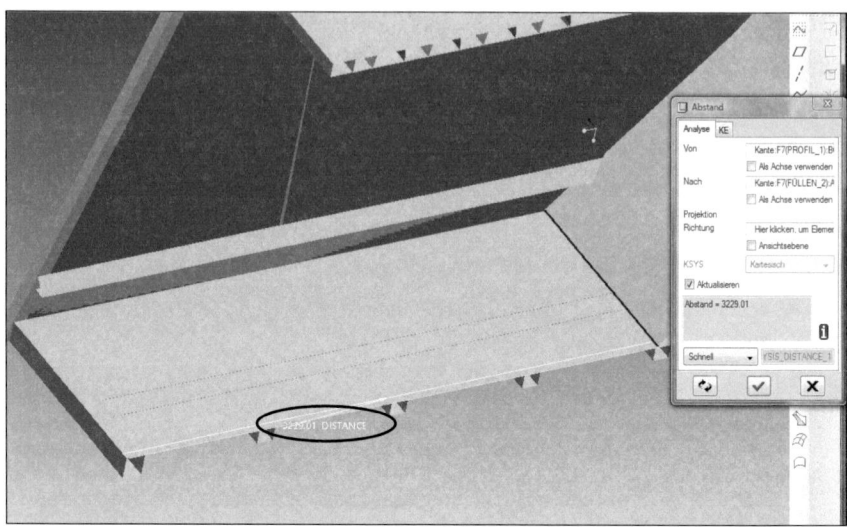

Darstellung 41: Länge Behälterboden[69]

Es ergibt sich eine Breite des Behälterbodens von 1.142mm und eine Länge von 3.229mm.

---

[69] Eigene Darstellung (bearbeiteter Screenshot aus Pro/ENGINEER)

Berechnung des zusätzlichen Druckes auf den Behälterboden:

Angaben:

zusätzliche Last auf Behälterboden: $F_{Bb} := 21485N$

Breite Behälterboden: $b_{Bb} := 1142mm$

Länge Behälterboden: $l_{Bb} := 3229mm$

Berechnung:

Behälterbodenfläche: $A_{Bb} := b_{Bb} \cdot l_{Bb}$

$A_{Bb} = 3.688 \cdot m^2$

Druck auf Behälterbodenfläche: $p_{Bb} := \dfrac{F_{Bb}}{A_{Bb}}$

$p_{Bb} = 0.00583 \cdot \dfrac{N}{mm^2}$

Es ergibt sich somit ein zusätzlicher Druck auf den Behälterboden von 0,00583N/mm², um eine resultierende Müllgewichtskraft von 4,9035*10^{4}N zu erhalten.

4.4 Erklärung verwendeter Komponenten von Pro/MECHANICA

4.4.1 Einheitensystem

Da Pro/ENGINEER bzw. Pro/MECHANICA in den Vereinigten Staaten entwickelt wurden, ist zu beachten, dass dort andere Maßeinheiten als in Europa gebräuchlich sind. Es kann mit der Befehlsfolge: *Editieren→Setup→Einheiten* sehr einfach das Einheitensystem eingestellt werden. Die in Europa üblichen Maßeinheiten für Pro/ENGINEER bzw. Pro/MECHANICA sind „millimeter Newton Second (mmNs)". Unbedingt darauf zu achten ist, dass bereits beim Modellieren der Teile in Pro/ENGINEER die korrekten Maßeinheiten eingestellt sind, da beim Wechseln zu Pro/MECHANICA Probleme auftreten können, wie z.B. ein Maß von „100" könnte von Pro/MECHANICA als 100 Zoll = 2.540 mm interpretiert werden, wenn ein falsches Einheitensystem eingestellt ist.[70]

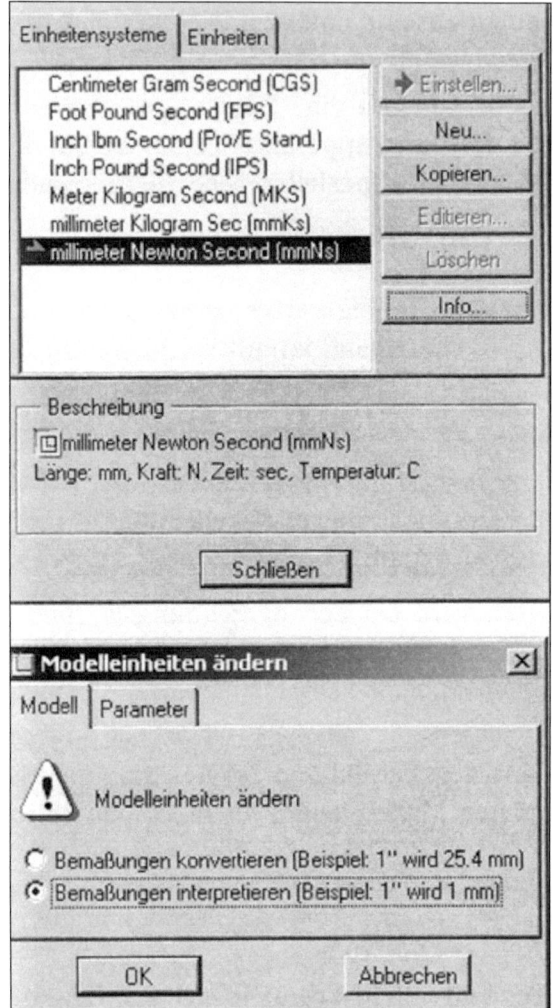

Darstellung 42: Einheitensystem[71]

Wenn zu einem anderen Einheitensystem gewechselt wird, fragt Pro/ENGINEER ab, ob die vorhandenen Bemaßungen konvertiert oder interpretiert werden sollen.

---

[70] Vgl. Vogel, Ebel (2009) S. 217f.
[71] Vogel, Ebel (2009) S. 218.

Es sollte „interpretieren" gewählt werden, da so die Abmessungen nicht verändert werden, sondern lediglich in ein anderes Einheitensystem übertragen werden.[72] Wenn anschließen in den Pro/MECHANICA Bereich gewechselt wird, wird aufgezeigt, welches Einheitensystem gewählt wurde. Im beschriebenen Anwendungsfall:[73]

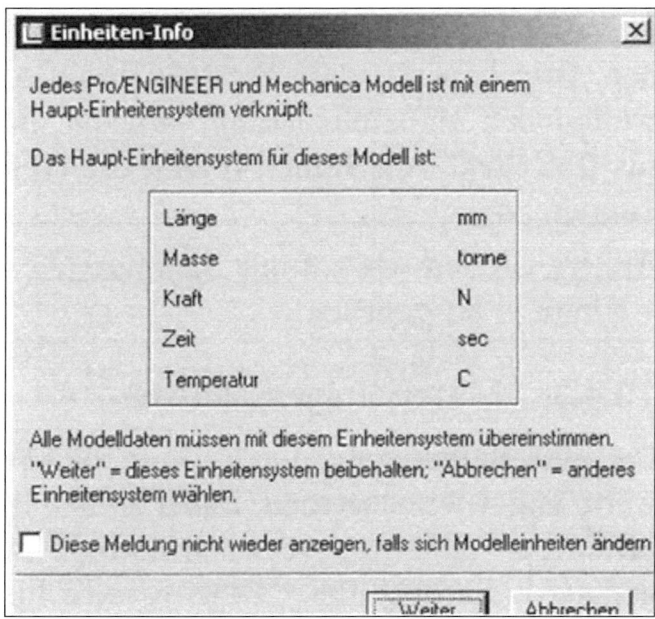

Darstellung 43: System-Einheiten[74]

4.4.2 Materialeigenschaften

„Um eine Berechnung durchführen zu können, müssen dem Bauteil Materialkennwerte zugewiesen werden. Dabei ist als Erstes festzulegen, ob das Material isotrope, orthotrope oder transversal-orthotrope Materialeigenschaften haben soll."[75]

Für unseren Anwendungsfall wird „isotrop" gewählt, da dies für alle metallischen Werkstoffe, Glas, Keramik und Kunststoffe zutrifft. Beispiele für orthotropes Mate-

---

[72] Vgl. Vogel, Ebel (2009) S. 218.
[73] Vgl. Vogel, Ebel (2009) S. 218f.
[74] Vogel, Ebel (2009) S. 219.
[75] Vogel, Ebel (2009) S. 220.

rialverhalten sind Holz, faserverstärkte Kunststoffe, Laminate oder bewehrter Beton.[76]

Folgende Materialkennwerte werden bei isotropem Material benötigt:[77]
- Dichte ρ
- Elastizitätsmodul E
- Querdehnzahl ν
- Wärmedehnungskoeffizient α (nur bei thermischen Belastungen)

„Zur Berechnung der Schubbeanspruchung wird noch der sogenannte Schubmodul G benötigt, dieser wird aber intern aus E und ν berechnet."[78]

Zwischen den drei Konstanten E, G und ν besteht der Zusammenhang:[79]

$$G = \frac{E}{2 \cdot (1 + v)}$$

Einige wichtige Werte sind in der Tabelle zusammengefasst:[80]

Werkstoff	E-Modul [N/mm²]	Querdehnzahl [-]	Dichte [g/cm³]
Stahl (alle Sorten)	200.000	0,3	7,85
Gusseisen	Bis 180.000	0,2... 0,25	7,2... 7,4
Aluminium	70.000... 72.000	0,34	2,7
Kuststoffe	150... 15.000	0,35... 0,5	0,9... 1,5

Für das Praxisbeispiel, der Containerberechnung, wird als Werkstoff Stahl mit den dazugehörigen Materialkennwerten gewählt.

Um einem Modell ein Material zuzuweisen, muss ein Material aus der Material-Bibliothek ins Modell übernommen werden. Durch Anklicken des Icons erscheint

---

[76] Vgl. Vogel, Ebel (2009) S. 220.
[77] Vgl. Vogel, Ebel (2009) S. 220.
[78] Vogel, Ebel (2009) S. 220.
[79] Vogel, Ebel (2009) S. 220.
[80] Vogel, Ebel (2009) S. 221.

ein Auswahlfenster. Durch Betätigen des Pfeil- Buttons wird ein Werkstoff übernommen.[81]

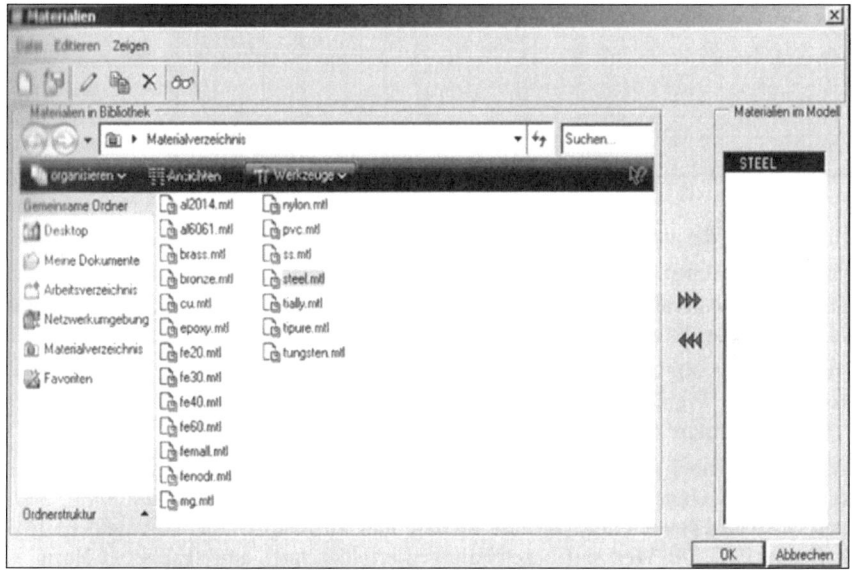

Darstellung 44: Materialzuweisung[82]

Durch die Befehlsfolge: *Editieren→Eigenschaften* gelangt man in das Auswahlfenster zur Veränderung der Materialeigenschaften.

---

[81] Vgl. Vogel, Ebel (2009) S. 221.

[82] Vogel, Ebel (2009) S. 221.

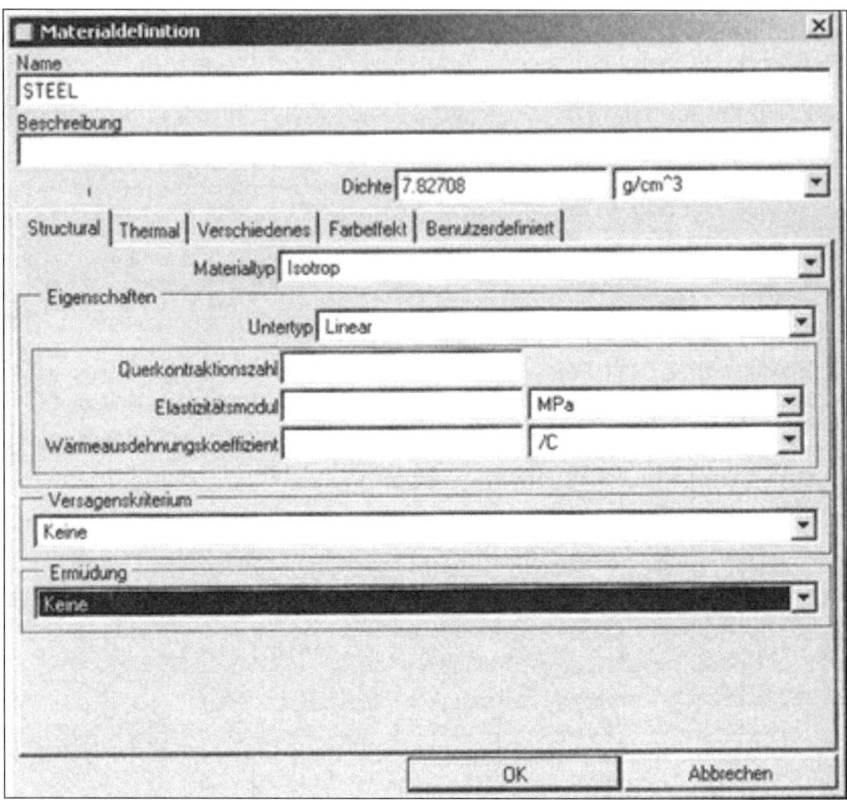

Darstellung 45: Materialdefinition[83]

Hier kann man, wenn notwendig, die Werkstoffeigenschaften verändern.[84]

4.4.3 Lagerung

„Jedes zu berechnende Bauteil muss so gelagert sein, dass eine Starrkörperbewegung in jeder Koordinatenrichtung ausgeschlossen ist. Starrkörperbewegung bedeutet: Ist ein Bauteil in einer Koordinatenrichtung nicht fixiert, so könnte eine in dieser Richtung wirksame Belastung (Kraft oder Moment) das Bauteil „unendlich" weit als starren Körper verschieben, es kann sich kein Kräftegleichgewicht einstellen und demzufolge auch keine Verformung des Körpers ausbilden."[85]

---

[83] Vogel, Ebel (2009) S. 222.
[84] Vgl. Vogel, Ebel (2009) S. 222.
[85] Vogel, Ebel (2009) S. 223.

„In der Realität gibt es unendlich viele Möglichkeiten, Bauteile zu lagern. Ein Teil kann angeschweißt, angeschraubt oder angeklemmt sein oder über spezielle Maschinenelemente (z.B. Wälzlager, Gleitlager, Federn ...) mit einer als starr und unverschieblich angenommenen Umgebung verbunden sein."[86]

In Pro/MECHANICA müssen die verschiedenen Lagerungsmöglichkeiten erfasst und angewendet werden, um ein korrektes Ergebnis zu erhalten.[87]

4.4.4 Randbedingungen

Darstellung 46: Icon „Randbedingungen" in Pro/ENGINEER[88]

Die Eingabe von Randbedingungen erfolgt über das in **Darstellung 46** gezeigte Icon.

„Alle zu einem Bauteil gehörenden Randbedingungen müssen zu einem Randbedingungssatz zusammengefasst werden. Zu einem Randbedingungssatz können mehrere Randbedingungen gehören, d.h., das betreffende Teil kann, wie in der Realität ebenfalls möglich, an mehreren Stellen gelagert sein."[89]

In der **Darstellung 47** ist zu erkennen, dass das Bauteil in den verschieden Richtungen, gegen Verschiebung oder Rotation, frei, fest oder gelenkig gelagert sein kann.

---

[86] Vogel, Ebel (2009) S. 223.
[87] Vgl. Vogel, Ebel (2009) S. 223.
[88] Eigene Darstellung (Screenshot aus Pro/ENGINEER)
[89] Vogel, Ebel (2009) S. 225.

Darstellung 47: Randbedingungen[90]

4.4.5 Belastungen

Die auf ein Bauteil einwirkenden Kräfte sind in der Realität vielfältig und mit einfachen Mitteln oft qualitativ sowie quantitativ nicht genau erfassbar. Dasselbe Prob-

---

[90] Vogel, Ebel (2009) S. 225.

lem stellt sich im Praxisbeispiel dieses Buches ein. Wie bei den Randbedingungen müssen aus diesem Grunde Annahmen getroffen werden.[91]

Folgende Belastungsarten sind in Pro/MECHANICA vorgesehen und können nach Wahl des entsprechenden Icons definiert werden:

- **Punkt**[92]
  Die Kräfte bzw. Momente greifen an einem Punkt an; dies ist das einfachste Modell einer mechanischen Last.
- **Kanten/Kurven**[93]
  Die Kräfte bzw. Momente wirken als Linienlast. Ein Unterschied zu den Punktlasten ist es, dass Linienlasten örtlich nicht konstant zu sein brauchen, sondern auch als Funktion der Koordinaten definiert bzw. auch zwischen mehreren Punkten interpoliert sein können. Auf diese Weise kann man auf einfache Art und Weise z. B. Dreiecks- oder Trapezlasten modellieren.
- **Flächen**[94]
  Kräfte/ Momente wirken als Flächenlast.
- **Druck**[95]
  Die Belastung erfolgt hierbei mittels Druckeinwirkung. Allgemein wirkt die Druckbelastung auf eine ebene oder gekrümmte Fläche, wie eine Schalenfläche oder eine Oberfläche eines Volumenelementes.
- **Lager**
- **Zentrifugal**
- **Schwerkraft**

Es wurden nur die ersten vier Belastungsarten genauer erklärt, da diese für die nachfolgenden Berechnungen benötigt werden.

---

[91] Vgl. Vogel, Ebel (2009) S. 227.
[92] Vgl. Vogel, Ebel (2009) S. 227.
[93] Vgl. Vogel, Ebel (2009) S. 228.
[94] Vgl. Vogel, Ebel (2009) S. 232.
[95] Vgl. Vogel, Ebel (2009) S. 233.

Es können mehrere Lasten gleichzeitig am Bauteil angreifen und zu einem Lastsatz zusammengefasst werden.

4.4.6 Flächenbereiche

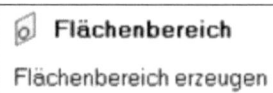

Darstellung 48: Icon „Flächenbereich" in Pro/ENGINEER[96]

Bei Modellen in Pro/ENGINEER und nachfolgend in Pro/MECHANICA gibt es oft Teilbereiche, auf die eine Kraft wirkt. Für diesen Fall gibt es in Pro/MECHANICA den Befehl „Definition von Bereichen".
Bereiche lassen sich auf einfache Art und Weise erzeugen. Hierzu ist das angeführte Icon anzuwählen.[97]

> „Bei der Erzeugung eines Bereiches ist danach auszuwählen, ob eine Begrenzung für einen Flächenbereich skizziert (Skizze) oder eine vorhandene geschlossene Kurve als Begrenzung spezifiziert werden soll (Auswahl). Meist muss eine Berandung skizziert werden."[98]

Eine Berandung muss auch im Beispiel des Müllbehälters skizziert werden. Dieser Befehl wird unter anderem bei der Ausstoßplatte angewandt, da auf die Seitenwände vor dem Ausstoßschild Belastungen wirken, jedoch nach dem Ausstoßschild die Belastungen auf die Seitenwand vernachlässigt werden kann. Nach logischer Überlegung wird dieser Bereich der Seitenwand nicht mehr belastet.

---

[96] Eigene Darstellung (Screenshot aus Pro/ENGINEER)
[97] Vgl. Vogel, Ebel (2009) S. 237.
[98] Vogel, Ebel (2009) S. 237.

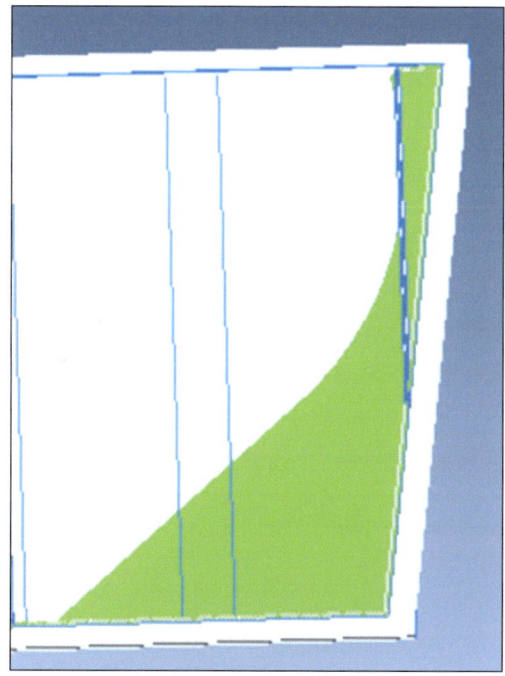

Darstellung 49: Unbelasteter, grüner Bereich[99]

„Für das Skizzieren kommen nur Ebenen in Betracht. Entweder wird also eine vorhandene Ebene (Bezugselement oder Körperfläche) als Skizzierebene ausgewählt, oder es muss temporär eine Bezugsebene erzeugt werden. Ist das erledigt, wechselt das Programm automatisch in den Skizziermodus, und die Berandung kann gezeichnet werden. Nach dem Verlassen fordert Pro/MECHANICA nun auf, eine oder mehrere Flächen zu wählen, auf denen der abgegrenzte Bereich liegen soll (ein Bereich kann sich über mehrere Ausgangsflächen erstrecken). Das kann z.B. die Oberfläche eines Körpers sein, die selbst als Skizzierebene verwendet wurde. Auf andere, insbesondere gekrümmte Flächen wird die Berandung projiziert."[100]

---

[99] Screenshot aus Pro/ENGINEER

[100] Vogel, Ebel (2009) S. 237.

4.4.7 Durchführen von Analysen in Pro/MECHANICA

4.4.7.1 Definieren einer Analyse

Darstellung 50: Icon „Analyse" in Pro/ENGINEER[101]

Eine Analyse zu definieren bedeutet, Pro/MECHANICA mitzuteilen, was berechnet werden soll.[102]

Wählt man im Pro/MECHANICA- Menü den Punkt „Analyse" aus, so öffnet sich das in **Darstellung 51** gezeigte Fenster. Wurde noch keine Analyse definiert, kann man unter „Datei" unter sechs mögliche Typen auswählen. Unter „Editieren" kann man wählen, ob eine vorhandene Analyse umdefiniert, kopiert oder gelöscht werden soll.[103]

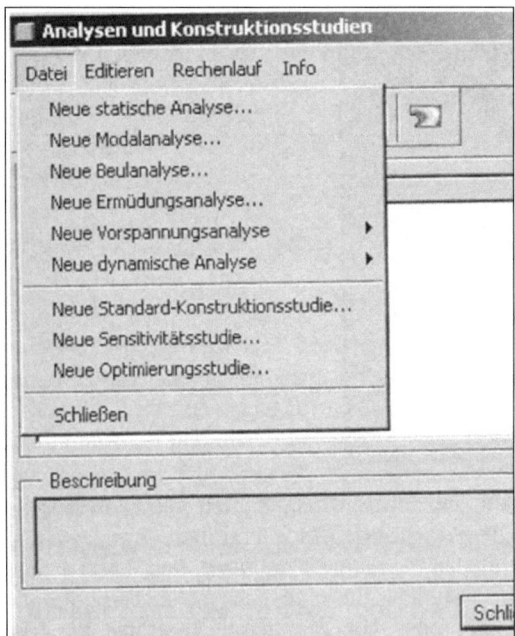

Darstellung 51: Analyseanstoß[104]

---

[101] Eigene Darstellung (Screenshot aus Pro/ENGINEER)
[102] Vgl. Vogel, Ebel (2009) S. 259.
[103] Vgl. Vogel, Ebel (2009) S. 259.
[104] Vogel, Ebel (2009) S. 259.

4.4.7.2 Statische Analyse

„Eine statische Analyse durchzuführen bedeutet, ein gelagertes Bauteil unter der Wirkung statischer (d.h. zeitlich unveränderlicher) äußerer Belastungen zu berechnen."[105]

Berechnet werden können die statischen Verformungen, die Lagerreaktionen und die im Bauteil vorhandenen Spannungen, welche in diesem Werk errechnet werden.[106]

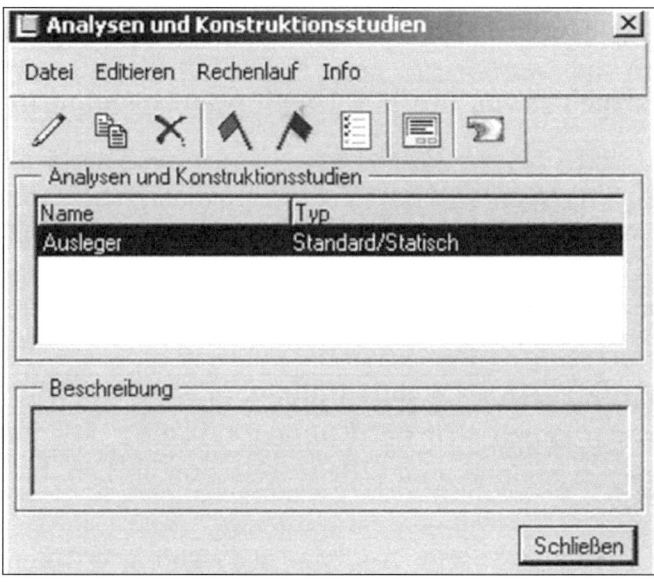

Darstellung 52: Analyseanstoß[107]

Um die Berechnung starten zu können, müssen dem Bauteil vorher Randbedingungen und Belastungen zugewiesen werden. Diese sind in den Auswahlfenstern „Randbedingungen" und „Belastungen" anzugeben. Es können auch, falls vorhanden, für eine Analyse mehrere Randbedingungssätze kombiniert werden.[108]

---

[105] Vogel, Ebel (2009) S. 260.
[106] Vgl. Vogel, Ebel (2009) S. 260.
[107] Vogel, Ebel (2009) S. 264.
[108] Vgl. Vogel, Ebel (2009) S. 260.

Konvergenz heißt, dass Pro/MECHANICA Berechnungen mehrfach mit steigendem Polynomgrad durchführt und jeweils prüft, wie sich bestimmte Fehlerkriterien dabei verändern.[109]

> „Liegt die Differenz zwischen dem Ergebnis des letzten und des vorletzten Schrittes unterhalb einer vom Nutzer vorgegebenen Schwelle, wird die Berechnung beendet."[110]

Hierzu gibt es drei Möglichkeiten:

1. Schnelldurchlauf

„Mit der Option Schnelldurchlauf wird die Konvergenz nicht geprüft, es wird nur eine einmalige Berechnung mit Polynomgrad 3 durchgeführt. Dieses Vorgehen wird nur empfohlen, wenn getestet werden soll, ob das Berechnungsmodell überhaupt „durchläuft", d.h., dass keine grundlegenden Fehler im Modell enthalten sind (z.B. keine ausreichende Lagerung des Modells)."[111]

2. Adaptive Einschritt- Konvergenz

„Pro/MECHANICA führt zwei Rechenläufe durch, geht also in einem Schritt vom ersten zum abschließenden Rechenlauf. Beim ersten Rechenlauf mit Polynomgrad 3 werden Spannungsfehler errechnet. Anhand dieser Fehler ermittelt Pro/MECHANICA eine neue Polynomgradverteilung und führt den abschließenden Rechenlauf durch."[112]
In den meisten Fällen ist die Option Adaptive Einschritt- Konvergenz zu empfehlen.

3. Adaptive Mehrfach- Konvergenz

„Pro/MECHANICA führt mehrere Rechenläufe durch und erhöht dabei jedes Mal den Polynomgrad. Die Analyse konvergiert, wenn die Ergebnisdifferenz der letzten beiden Rechenläufe innerhalb des angegebenen Prozentsatzes liegt. Die Berechnung ist dann abgeschlossen. Sie wird auch beendet, wenn

---

[109] Vgl. Vogel, Ebel (2009) S. 261.
[110] Vogel, Ebel (2009) S. 261.
[111] Vogel, Ebel (2009) S. 261.
[112] Vogel, Ebel (2009) S. 261.

der maximale Polynomgrad erreicht ist. Dieser ist einzugeben, wenn die adaptive Mehrfachkonvergenz ausgewählt wird, und kann maximal 9 betragen."[113]

4.5 Eingabe der Kräfte und Drücke in Pro/MECHANICA

Nachdem alle auf den Behälter wirkenden Kräfte errechnet sind und das Schalenmodell fertig konstruiert ist, kann wir mit der Eingabe der Kräfte und Spannungen in Pro/MECHANICA begonnen werden.

4.5.1 Eingabe des Druckes auf die Behälterseitenfläche

Wie im **Kapitel 4.3.3** errechnet, beträgt der Druck auf die Behälterwand 0,01124N/mm². Die gesamte Seitenwand wird nicht mit dem Druck belastet, da der Müll vom Ausstoßschild begrenzt wird.

Alle Seitenwandflächen sind als Schalenmodell modelliert. Als Referenzen können nur ganze Flächen gewählt werden. Jedoch wirkt nicht auf die gesamte hintere Fläche der errechnete Druck von 0,01124N/mm². Es muss jene hintere Fläche, welche vom Ausstoßschild begrenzt wird, von der Belastung ausgeschlossen werden. Dies kann erreicht werden, indem ein Flächenbereich erzeugt wird. Dies wird im **Kapitel 4.4.6** erklärt.

Als Referenzen bleiben schlussendlich alle Flächen innerhalb des Behälters übrig, also jene Flächen, mit denen der Müll in Berührung kommt.

Die gewählten Referenzflächen sind auf der nachfolgenden **Darstellung 53** ersichtlich, der Druck beträgt 0,01124MPa.

Die Kraftrichtung zeigt auf die Seitenwand (Seitenwand wird belastet).

---

[113] Vogel, Ebel (2009) S. 261.

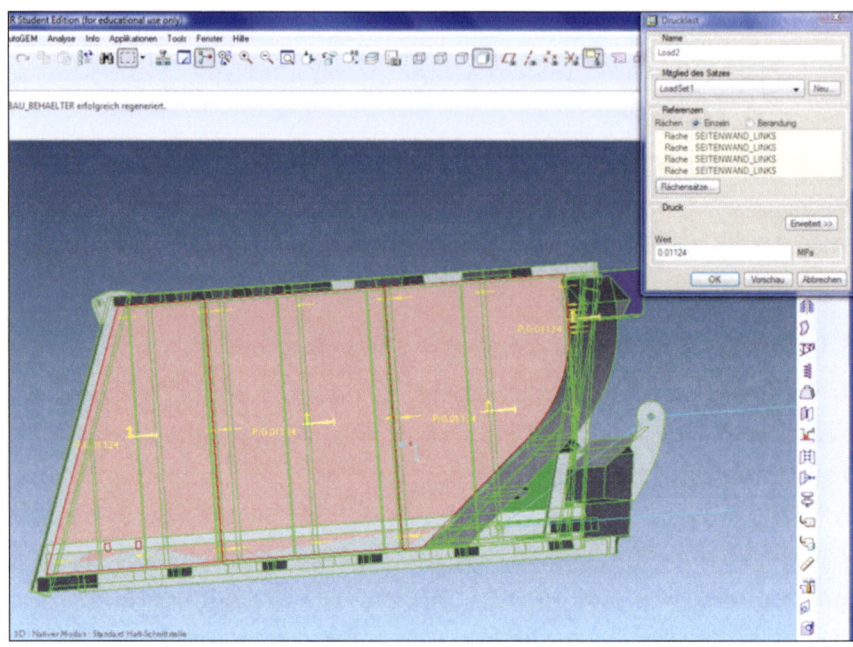

Darstellung 53: Eingaben Behälterseitenfläche[114]

4.5.2 Eingabe des Druckes auf den Behälterboden

Wie in **Kapitel 4.3.3** errechnet, beträgt der Druck auf den Behälterboden 0,01124N/mm². Der gesamte Behälterboden wird nicht mit dem Druck belastet, da der Müll vom Ausstoßschild begrenzt wird.

Es muss jene hintere Fläche, welche vom Ausstoßschild begrenzt wird, von der Belastung ausgeschlossen werden. Dies kann erreicht werden, indem eine Flächenbereich erzeug wird. Dies wird im **Kapitel 4.4.6** erklärt.

Als Referenzen bleiben schlussendlich alle Flächen innerhalb des Behälters übrig, also jene Flächen, mit denen der Müll in Berührung kommt.

Die gewählte Referenzfläche ist auf der **Darstellung 54** ersichtlich, der Druck beträgt 0,01124MPa.

Die Kraftrichtung zeigt auf die Behälterbodenfläche (Behälterbodenfläche wird belastet).

---

[114] Eigene Darstellung (Screenshot aus Pro/MECHANICA)

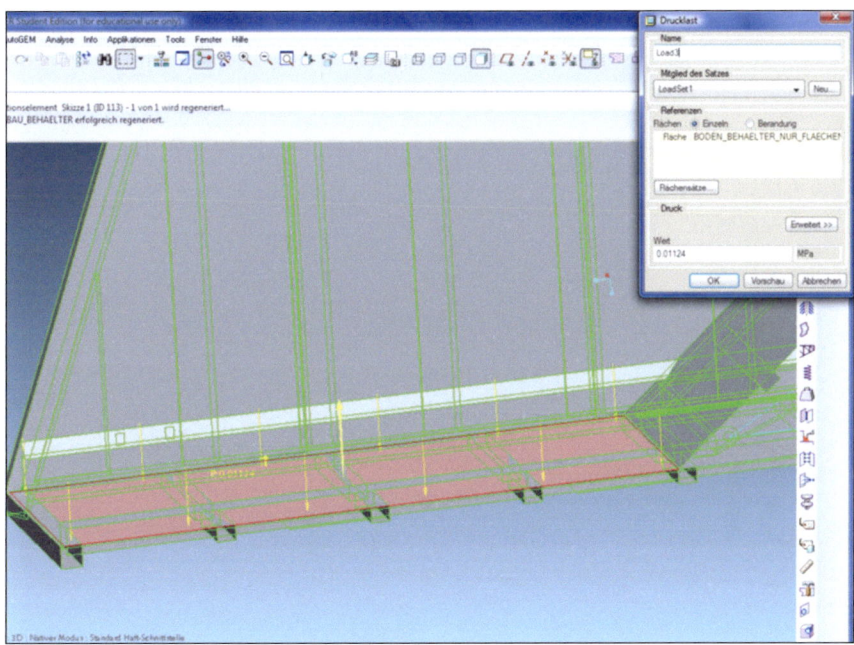

Darstellung 54: Eingaben Behälterboden[115]

4.5.3 Eingabe des Druckes auf die Ausstoßschildfläche

Wie im **Kapitel 4.3.3** errechnet, beträgt der Druck auf die Ausstoßschildfläche 0,01124N/mm². Die gesamte Fläche des Ausstoßschildes wird mit dem Behälterflächendruck von 0,01124N/mm² belastet.

Die gewählten Referenzflächen sind auf **Darstellung 55** ersichtlich, der Druck beträgt 0,01124MPa.

Die Kraftrichtung zeigt auf das Ausstoßschild (Ausstoßschild wird belastet).

---

[115] Eigene Darstellung (Screenshot aus Pro/MECHANICA)

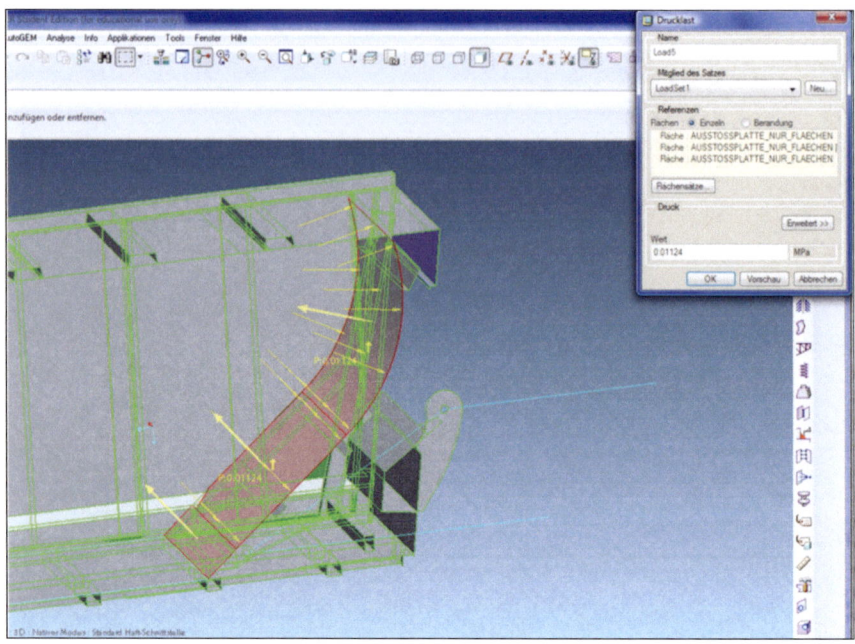

Darstellung 55: Eingaben Ausstoßschild[116]

4.5.4 Eingabe des Druckes auf die Dachfläche

Wie im **Kapitel 4.3.3** errechnet, beträgt der Druck auf die Dachfläche 0,01124N/mm². Die gesamte Dachfläche wird nicht mit dem Druck belastet, da der Müll vom Ausstoßschild begrenzt wird.

Man muss jene hintere Fläche, welche vom Ausstoßschild begrenzt wird, von der Belastung ausschließen. Dies kann erreicht werden, indem man einen Flächenbereich erzeugt (siehe **Kapitel 4.4.6**).

Als Referenzen bleiben schlussendlich alle Flächen innerhalb des Behälters übrig, also jene Flächen, mit denen der Müll in Berührung kommt.

Die gewählten Referenzflächen sind auf **Darstellung 56** ersichtlich, der Druck beträgt 0,01124MPa.

Die Kraftrichtung zeigt auf die Dachfläche (Dachfläche wird belastet).

---

[116] Eigene Darstellung (Screenshot aus Pro/MECHANICA)

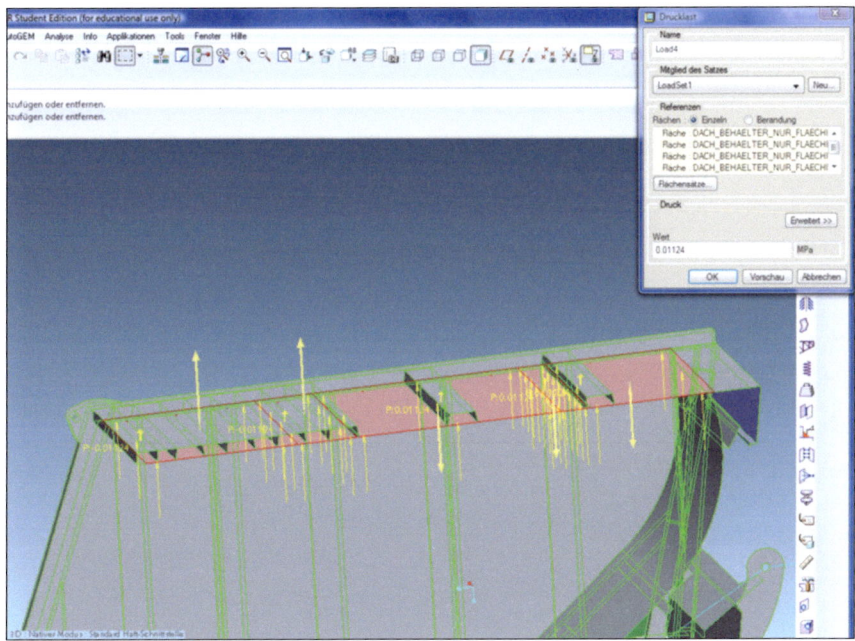

Darstellung 56: Eingaben Dachfläche[117]

4.5.5 Eingabe der zusätzlichen Kraft auf den Kasten des Daches

Wie im **Kapitel 4.3.4** errechnet, beträgt der zusätzliche Druck auf den Kasten des Daches 0,03326N/mm². Die gesamte Fläche des Kastenaufbaues des Daches wird mit dem Zusatzdruck von 0,03326N/mm² belastet.

Die gewählten Referenzflächen sind auf der **Darstellung 57** ersichtlich, der Druck beträgt 0,03326MPa.

Die Kraftrichtung zeigt auf die Dachfläche (Dachfläche wird belastet).

---

[117] Eigene Darstellung (Screenshot aus Pro/MECHANICA)

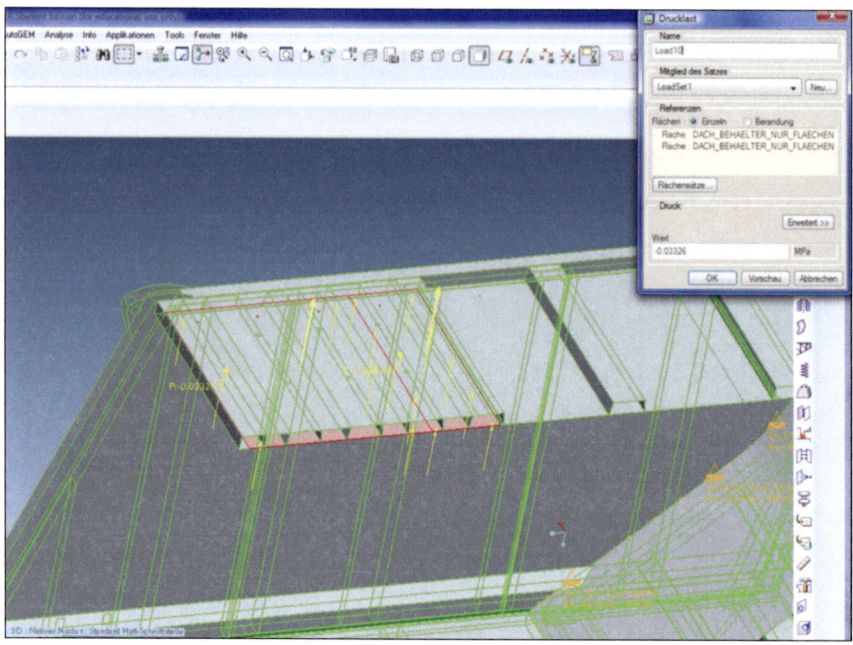

Darstellung 57: Eingaben Zusatzdruck Kastenaufbau Dach[118]

4.5.6 Eingabe der Zylinderkraft auf das Ausstoßschild

In diesem Unterkapitel wird die Eingabe der Zylinderkraft, welche auf das Ausstoßschild wirkt, erklärt. Die im **Kapitel 4.3.5** errechnete x- Komponente der Zylinderkraft kann direkt im Pro/MECHANICA Modul eingegeben werden.

Belastet wird mit dieser Kraftkomponente die Aufhängung des Zylinderkolbens, wie in **Darstellung 58** ersichtlich.

Die gewählten Referenzflächen (rot dargestellt) sind ebenfalls auf der **Darstellung 58** ersichtlich, die Kraft beträgt $2{,}266 \cdot 10^4$ N.

Die Kraftrichtung zeigt auf das Ausstoßschild (Ausstoßschild wird belastet).

---

[118] Eigene Darstellung (Screenshot aus Pro/MECHANICA)

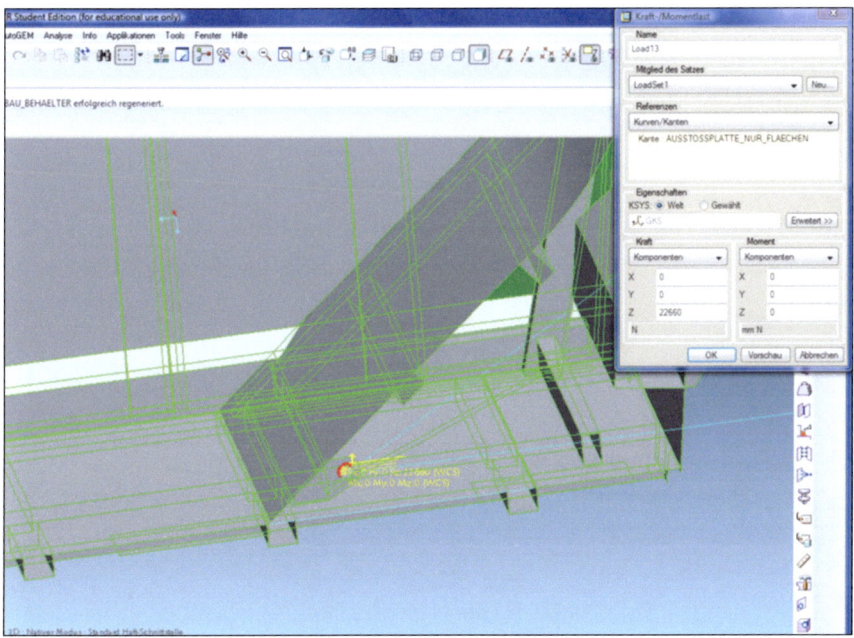

Darstellung 58: Eingabe x- Komponente der Zylinderkraft[119]

4.5.7 Eingabe der Zylinderkraft auf den Ölbehälter

Der Zylinder ist an der Lasche des Ausstoßschildes und an einer Lasche am Ölbehälter befestigt. Da die Zylinderkraft an der Lasche am Ölbehälter in schiefem Winkel angreift, kann man die Kraft in eine x- und y- Komponente zerlegen um sie dann im Pro/MECHANICA- Modus eingeben zu können. Die x- Komponente der Zylinderkraft beträgt 22.660N. Diese wurde bereits im **Kapitel 4.3.5** als Kraftkomponente, welche auf das Ausstoßschild wirkt, berechnet (Vergleich mit physikalischem Gesetz Kraft = Gegenkraft).

Neu zu berechnen ist die y- Komponente der Zylinderkraft. Diese kann wiederum mit Hilfe von Winkelfunktionen berechnet werden. Wie in der **Darstellung 27** ersichtlich, errechnet sich die y- Komponente mit Hilfe des Sinus vom Zylinderanstellwinkel α.

Die Werte für F_Z und den Anstellwinkel α des Zylinders können von **Kapitel 4.3.5** übernommen werden.

---

[119] Eigene Darstellung (Screenshot aus Pro/MECHANICA)

$F_{Zy} = F_Z * \sin(\alpha)$

$F_{Zy} = 2{,}613*10^4 N * \sin(29{,}87°)$

$F_{Zy} = 1{,}301*10^4 N$

Die y- Komponente der Zylinderkraft beträgt $1{,}301*10^4 N$.

Die Kraftrichtung zeigt auf den Ölbehälter (Ölbehälter wird belastet).

Die gewählten Referenzflächen (rot dargestellt) sind in der **Darstellung 59** ersichtlich.

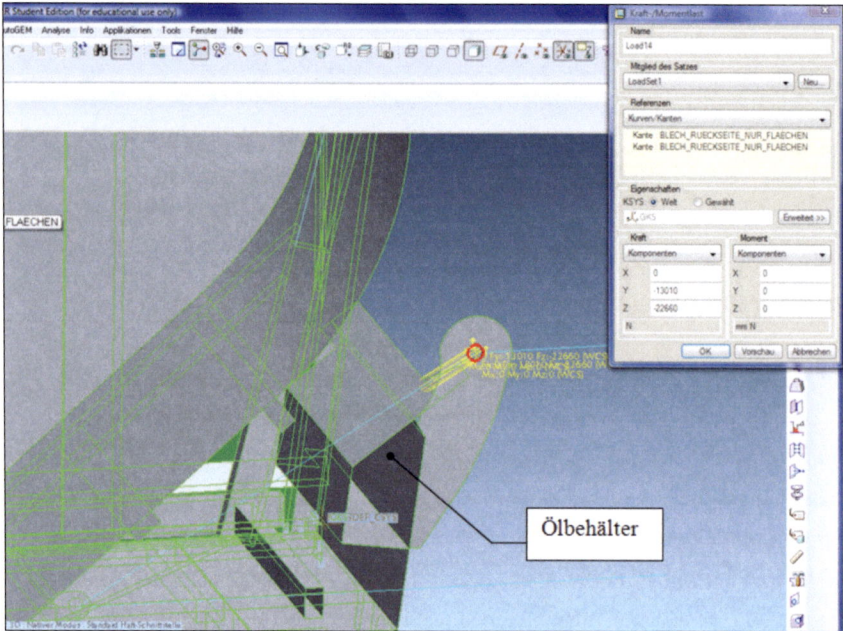

Darstellung 59: Eingabe y- Komponente der Zylinderkraft[120]

4.5.8 Eingabe des Kufendruckes auf den Behälterboden

Wie im **Kapitel 4.3.6** errechnet, beträgt der Druck der Kufe auf die Behälterbodenfläche $0{,}244899 N/mm^2$. Nur die Behälterbodenfläche unterhalb der Kufe wird mit diesem Druck belastet.

Um nur jene Kufenfläche wählen zu können, müssen alle anderen Flächenbereiche des Behälterbodens von der Belastung ausgeschlossen werden (siehe **Kapitel 4.4.6**, Flächenbereich).

---

[120] Eigene Darstellung (bearbeiteter Screenshot aus Pro/MECHANICA)

Als Referenz bleibt schlussendlich die Fläche unterhalb der Kufe übrig.
Die gewählte Referenzfläche ist in **Darstellung 60** ersichtlich, der Druck beträgt 0,244899MPa.
Die Kraftrichtung zeigt auf den Behälterboden (Behälterboden wird belastet).

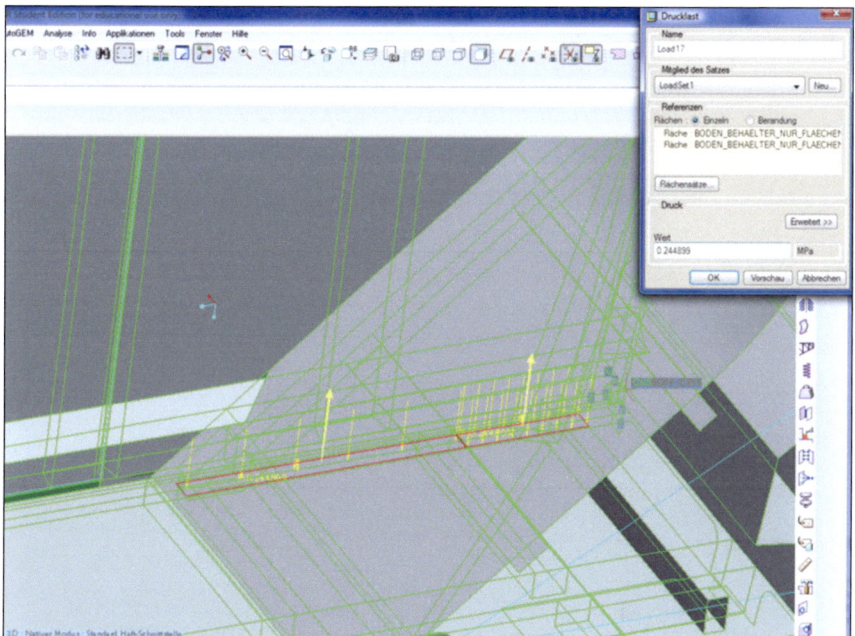

Darstellung 60: Eingabe Kufendruck auf Behälterboden[121]

4.5.9 Eingabe Konsolenkraft (Gewichtskraft Beladeeinrichtung)

Die im **Kapitel 4.3.7** berechnete Konsolenkraft, welche durch das Gewicht der Beladeeinrichtung hervorgerufen wird, muss wiederum erst in eine x- und y-Komponente aufgeteilt werden, da sie unter schiefem Winkel angreift.
Die Konsolenkraft F_{Ko} beträgt $1{,}50761*10^4$N, der Angriffswinkel α beträgt 69,444°.
Mittels Winkelfunktionen können mit Hilfe dieser beiden Angaben die x- und die y-Komponente errechnet werden.

$F_{Koy} = F_{Ko} * \sin(α)$
$F_{Koy} = 1{,}50761*10^4\text{N} * \sin(69{,}444°)$
$F_{Koy} = 1{,}412*10^4\text{N}$

---
[121] Eigene Darstellung (Screenshot aus Pro/MECHANICA)

$F_{Kox} = F_{Ko} * \cos(\alpha)$

$F_{Kox} = 1,50761*10^4 N * \cos(69,444°)$

$F_{Kox} = 5.294N$

Die y- Komponente der Zylinderkraft beträgt $1,412*10^4 N$, die x- Komponente 5.294N.

Die Kraftrichtung zeigt nach unten (Beladeeinrichtung hat das Bestreben nach unten zu rutschen).

Die gewählten Referenzflächen (rot dargestellt) sind in **Darstellung 61** ersichtlich.

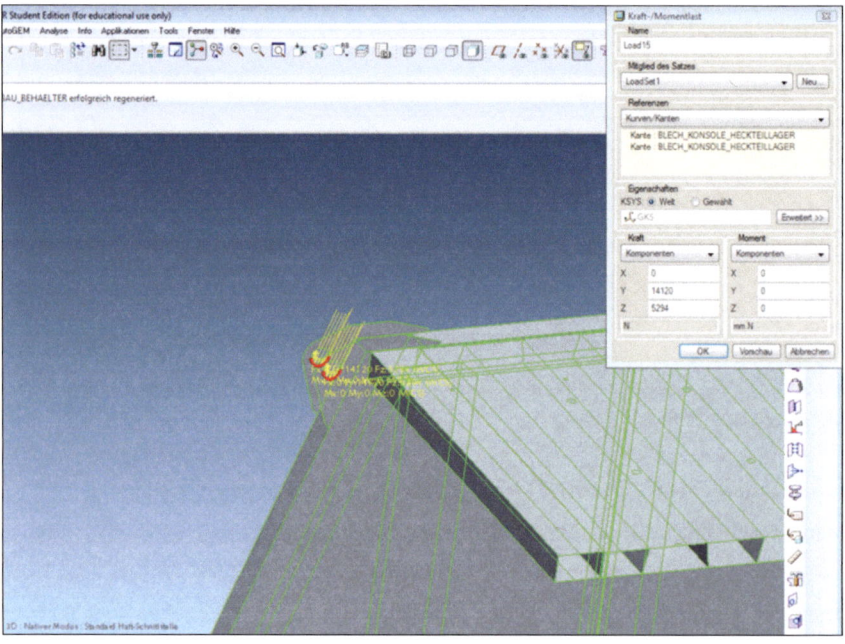

Darstellung 61: Eingabe Konsolenkraft (Gewichtskraft Beladeeinrichtung)[122]

4.5.10 Eingabe Konsolenkraft (Zylinderkraft Schlittenwand)

Die im **Kapitel 4.3.8** berechnete Konsolenkraft, welche durch den Zylinder (jener, der die Schlittenwand nach oben bewegt) hervorgerufen wird, muss wiederum erst in eine x- und y-Komponente aufgeteilt werden, da sie unter schiefem Winkel angreift.

---

[122] Eigene Darstellung (Screenshot aus Pro/MECHANICA)

Die Konsolenkraft des Schlittenwandzylinders F_{KoZ} beträgt $5,227*10^4$N, der Angriffswinkel α 69,444°. Mittels Winkelfunktionen können mit Hilfe dieser beiden Angaben die x- und die y- Komponente errechnet werden.

$F_{Koy} = F_{Ko} * \sin(α)$
$F_{Koy} = 5,227*10^4$N $* \sin(69,444°)$
$F_{Koy}= 4,894*104$N

$F_{Kox} = F_{Ko} * \cos(α)$
$F_{Kox} = 3,01522*10^4$N $* \cos(69,444°)$
$F_{Kox} = 1,835*104$N

Die y- Komponente der Zylinderkraft beträgt $4,894*10^4$N, die x- Komponente $1,835*10^4$N.

Die Kraftrichtung zeigt nach unten (Beladeeinrichtung hat das Bestreben sich durch die auftretenden Kräfte nach unten zu bewegen).

Die gewählten Referenzflächen (rot dargestellt) sind in **Darstellung 62** ersichtlich.

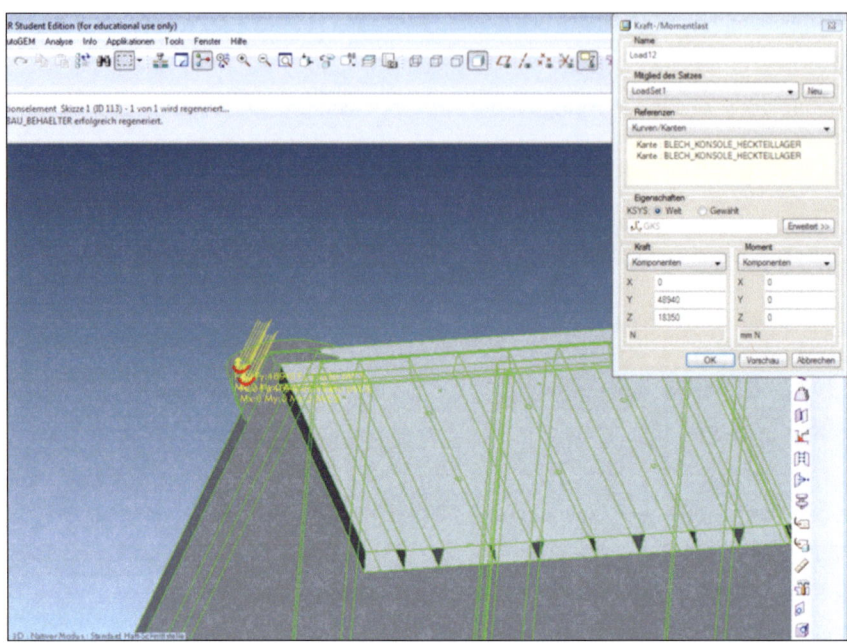

Darstellung 62: Eingabe Konsolenkraft (Zylinderkraft Schlittenwand)[123]

4.5.11 Eingabe des Druckes auf die Behälterrahmenfläche

Wie im **Kapitel 4.3.7** errechnet, beträgt der Druck der Beladeeinrichtung auf den Behälterrahmen 0,032386N/mm². Die gesamte Auflagefläche des Rahmenprofiles wird mit diesem Druck belastet.

Die gewählten Referenzflächen sind in **Darstellung 63** ersichtlich, der Druck beträgt 0,032386MPa.

Die Kraftvektorrichtung zeigt auf den Rahmen (Behälterrahmen wird belastet).

---

[123] Eigene Darstellung (Screenshot aus Pro/MECHANICA)

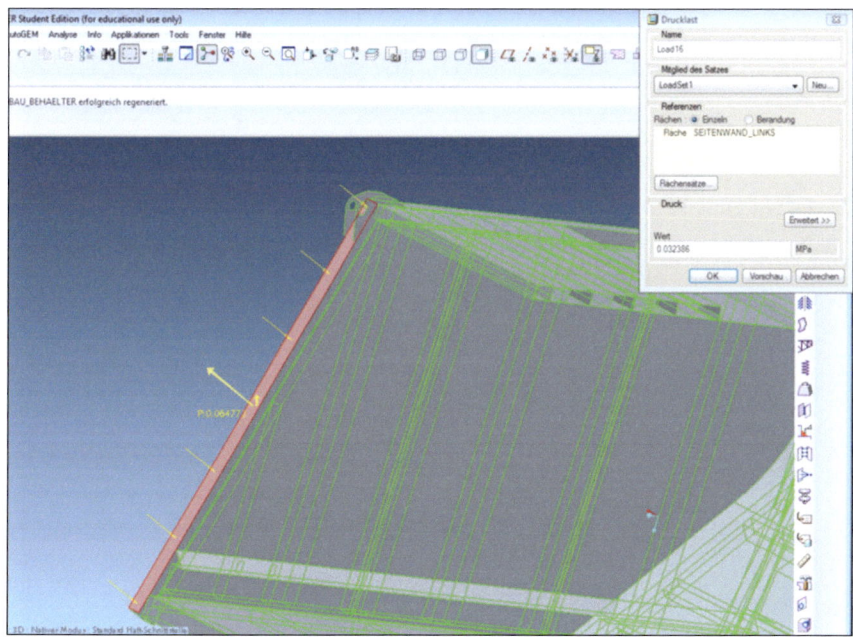

Darstellung 63: Eingabe des Druckes auf die Behälterrahmenfläche[124]

4.5.12 Eingabe des Eigengewichtes des Mülls

Wie im **Kapitel 4.3.9** errechnet, beträgt der zusätzliche Druck auf den Behälterboden 0,00583N/mm², um eine resultierende Müllgewichtskraft von $4,905*10^4$N zu erhalten. Der gesamte Behälterboden wird nicht mit dem Druck belastet, da der Müll vom Ausstoßschild begrenzt wird.

Man muss wiederum jene hintere Fläche, welche vom Ausstoßschild begrenzt wird, von der Belastung ausschließen (siehe **Kapitel 4.4.6**).

Als Referenzen bleiben schlussendlich alle Flächen innerhalb des Behälters übrig, also jene Flächen, mit denen der Müll in Berührung kommt.

Die gewählte Referenzfläche ist in **Darstellung 64** ersichtlich, der Druck beträgt 0,00583MPa.

Die Kraftrichtung zeigt auf die Behälterbodenfläche (Behälterbodenfläche wird belastet).

---

[124] Eigene Darstellung (Screenshot aus Pro/MECHANICA)

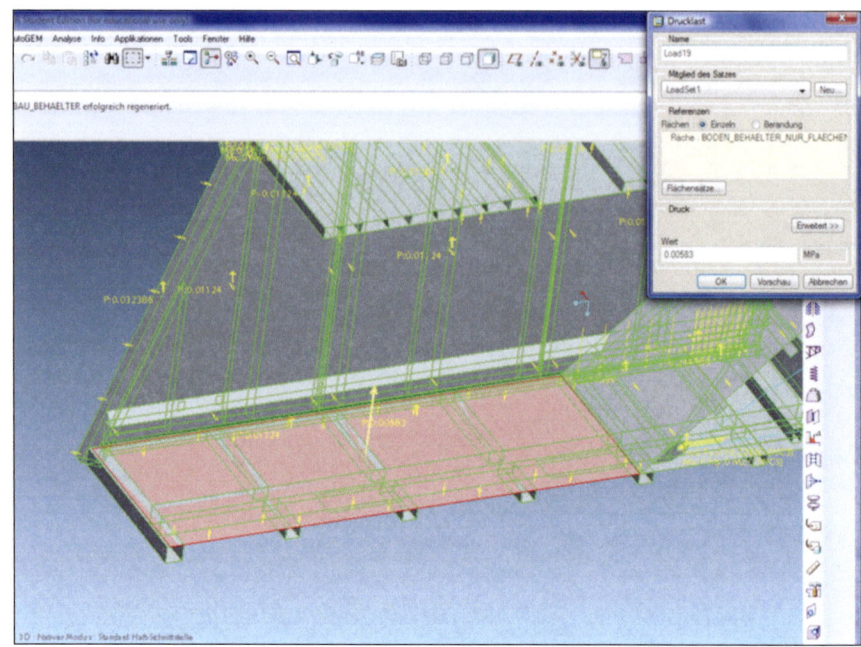

Darstellung 64: Eingabe des zusätzlichen Druckes auf den Behälterboden[125]

4.6 Eingabe der Randbedingungen

Bevor mit dem Rechenlauf begonnen werden kann, müssen noch die Randbedingungen gewählt und erstellt werden. Genauere Erklärungen zu Lagerung und Randbedingungen findet man in den **Kapiteln 4.4.3** und **4.4.4**.

4.6.1 Auflager am Behälterrahmen

Die erste Aufgabe ist es, Auflagestellen, auf denen der Behälter am Rahmen aufliegt, zu finden. Durch Betrachtung eines ausgeführten Abfallsammelfahrzeuges bei der Firma M-U-T konnte festgestellt werden, wo sich diese Auflagestellen des Behälters befinden. Die Lagerstellen sind auf **Darstellung 65** ersichtlich.
Diese Auflagerstellen sind im Berechnungsmodell auch unsere Lagerpunkte.

---

[125] Eigene Darstellung (Screenshot aus Pro/MECHANICA)

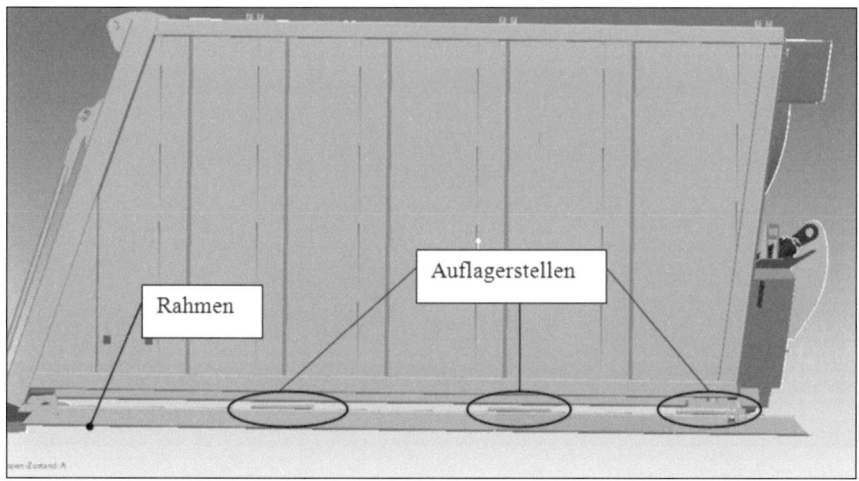

Darstellung 65: Auflagerstellen[126]

Auf der **Darstellung 65** sind drei Lagerstellen ersichtlich, auf denen der Behälter am Rahmen aufliegt. Der Rahmen liegt dort zur Dämpfung von Stößen im Betrieb auf Gummipuffern auf. Die Gummipuffer liegen auf am Rahmen aufgeschweißten „Schalen", damit sie ihre Lage nicht verändern können. Am Behälterrahmen sind Bleche aufgeschweißt um den Gummipuffern eine genügend große Auflagefläche zu bieten.

An der rechten Auflagerstelle ist der Behälter zusätzlich mit einer Schraubverbindung befestigt, das heißt, dort befindet sich ein Festlager (Verschiebung in zwei Richtungen gesperrt). Die anderen beiden Auflagerstellen dienen als Loslager; nur eine Bewegungsrichtung ist gesperrt.

Nun kann bereits die Eingabe der Randbedingungen in Pro/MECHANICA erfolgen.

---

[126] Eigene Darstellung (bearbeiteter Screenshot aus Pro/ENGINEER)

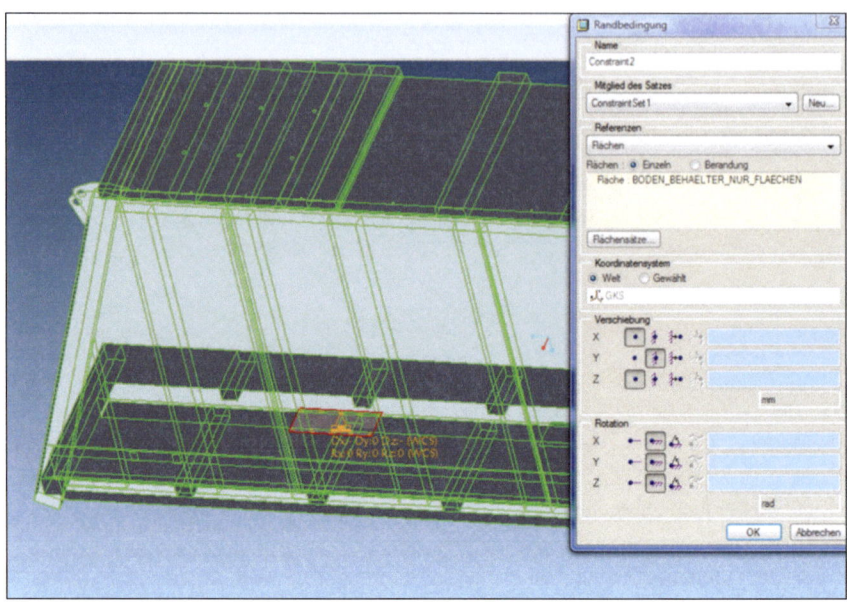

Darstellung 66: Linkes Loslager am Behälterrahmen[127]

Auf **Darstellung 66** ist die linke Auflagerstelle ersichtlich. Da diese Lagerstelle als Loslager dient, ist die Verschiebung nur in y- Richtung gesperrt.

---

[127] Eigene Darstellung (Screenshot aus Pro/MECHANICA)

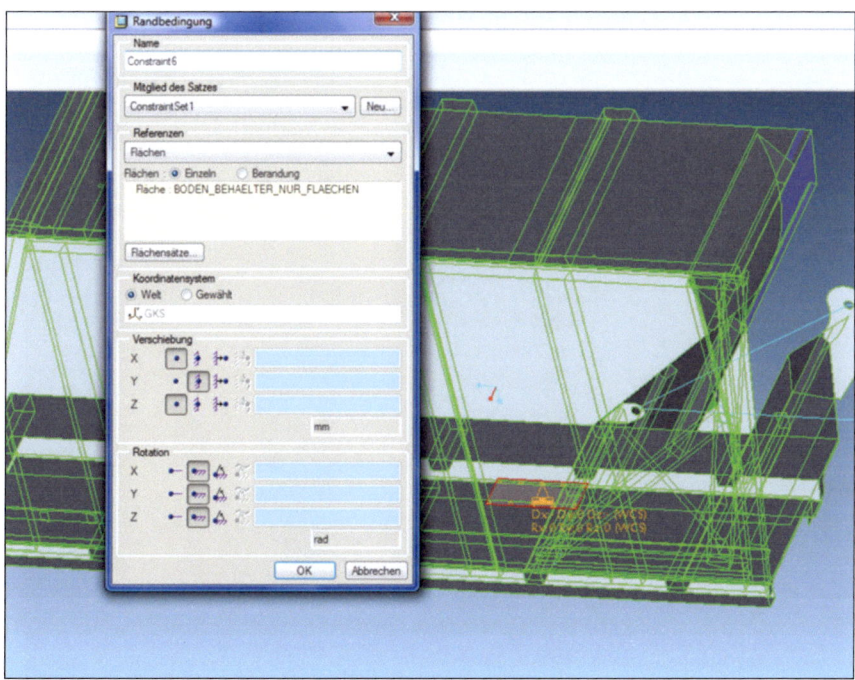

Darstellung 67: Mittiges Loslager am Behälterrahmen[128]

Auf der **Darstellung 67** ist die mittige Auflagerstelle ersichtlich. Da diese Lagerstelle als Loslager dient, ist die Verschiebung nur in y- Richtung gesperrt.

---

[128] Eigene Darstellung (Screenshot aus Pro/MECHANICA)

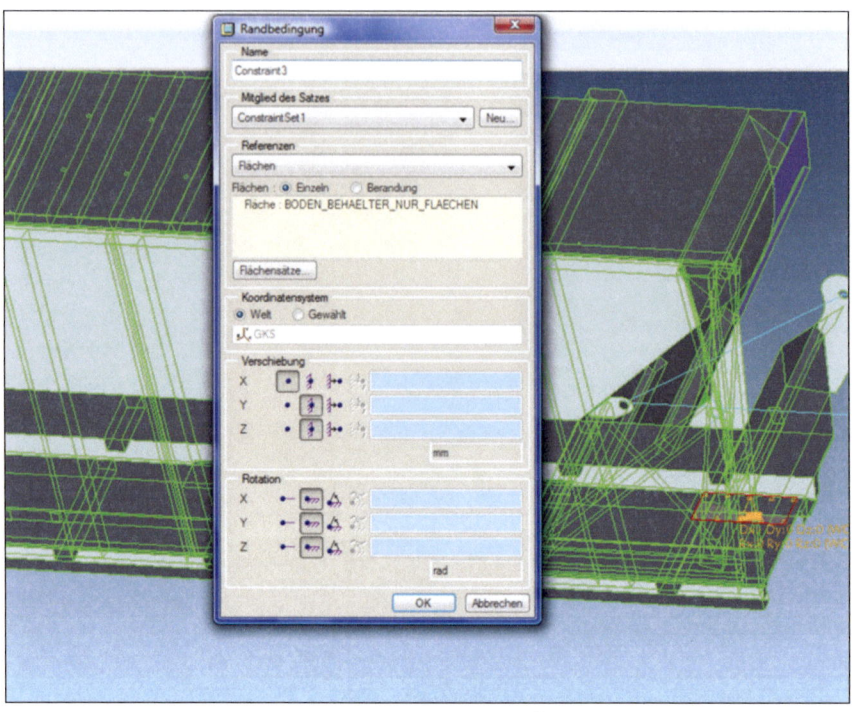

Darstellung 68: Rechtes Festlager am Behälterrahmen[129]

Auf **Darstellung 68** ist die rechte Auflagerstelle ersichtlich. Da diese Lagerstelle als Festlager dient, ist die Verschiebung in y- Richtung und in z- Richtung gesperrt.

4.6.2 Symmetrierandbedingungen

Da nur der halbe Behälter modelliert wurde, müssen alle Komponenten an der Schnittebene gelagert werden, damit durch die Symmetriebedingungen die zweite Behälterhälfte simuliert wird.

Die Aufgabe ist es nun, die Verschiebung in globaler x- Richtung und die Rotation um die globale y- und z- Richtung zu sperren. Somit kann die zweite Behälterhälfte für das Rechenprogramm simuliert werden. Alle Kanten, die sich in der Schnittebene befinden, müssen als Referenz gewählt werden.

---

[129] Eigene Darstellung (Screenshot aus Pro/MECHANICA)

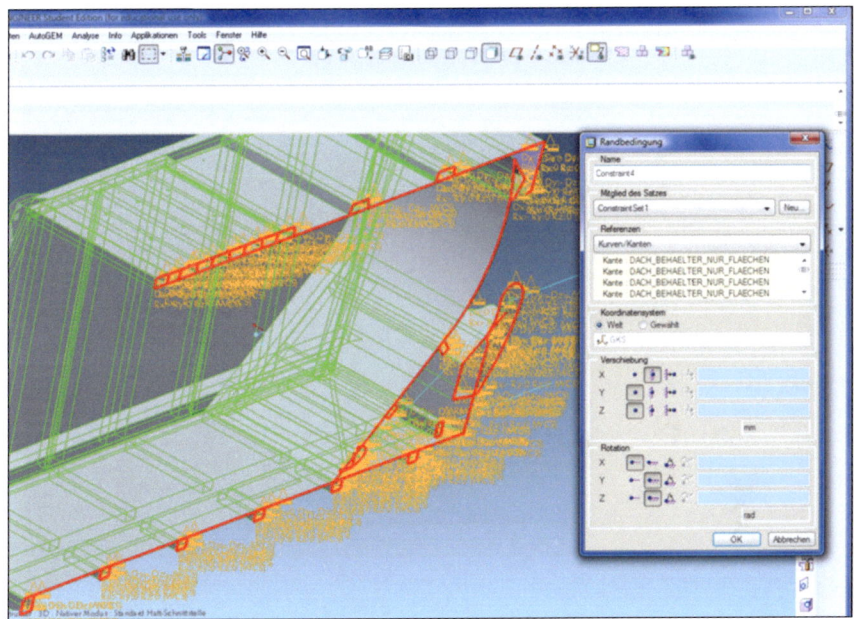

Darstellung 69: Symmetrierandbedingungen[130]

4.6.3 Lagerung der Kufe

Das Ausstoßschild ist im Finite Elemente- Modell nicht mit dem Behälter verbunden, sondern die Kontaktkräfte zwischen den Kufen des Schildes und dem Behälter werden als Belastungen eingebracht (siehe **Kapitel 4.3.6**). Deshalb müssen die Kufen gelagert werden, damit das Modell berechenbar wird.

Im Betrieb kann sich das gesamte Ausstoßschild nur in z- Richtung bewegen (Vor- bzw. Rückwärtsschieben durch Zylinder).

---

[130] Eigene Darstellung (Screenshot aus Pro/MECHANICA)

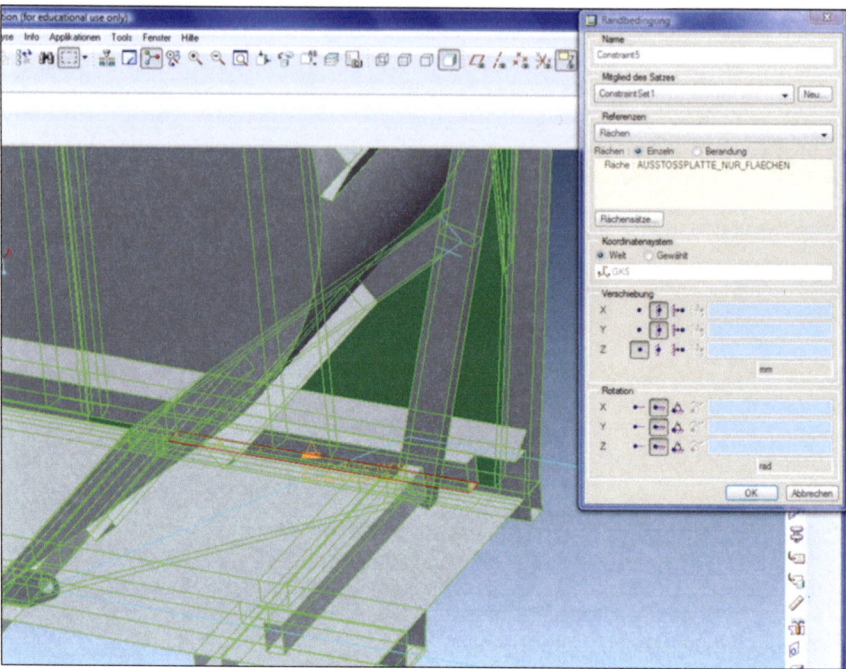

Darstellung 70: Lagerung der Kufe[131]

Auf **Darstellung 70** ist die Auflagerstelle, an der sich die Kufe befindet, ersichtlich. Da diese Lagerstelle als Festlager dient, ist die Verschiebung in y- Richtung und in z- Richtung gesperrt.

4.6.4 Randbedingungen am Ausstoßschild

Um einen Rechengang zu ermöglichen, fordert Pro/MECHANICA auch eine Lagerung der gesamten Außenkanten des Ausstoßschildes. Da das Ausstoßschild an keiner Stelle mit dem Behälter im Modell verbunden ist und daher ein eigenständiges Modell darstellt, wurde diese zusätzliche Lagerung benötigt.

Am sinnvollsten erscheint, wenn die Verschiebung entlang der x- und der z- Richtung gesperrt ist. In y- Richtung kann sich das Ausstoßschild der Realität entsprechend frei bewegen.

Um jedoch eine Rotation in x- und in z- Richtung zu ermöglichen, wurden diese für die angesprochenen Achsrichtungen freigegeben.

---

[131] Eigene Darstellung (Screenshot aus Pro/MECHANICA)

Die Spannungen am Ausstoßschild werden mit dieser Lagerung nicht richtig abgebildet, da die seitliche Fixierung (siehe **Darstellung 71**) so nicht der Realität entspricht. Die Betrachtung der Spannungen des Ausstoßschildes bleibt für die Berechnung unberücksichtigt. Zur Berechnung der Spannungen am Ausstoßschild wird am besten ein eigenes Modell vom Ausstoßschild mit Pro/ENGINEER und Pro/MECHANICA angefertigt.

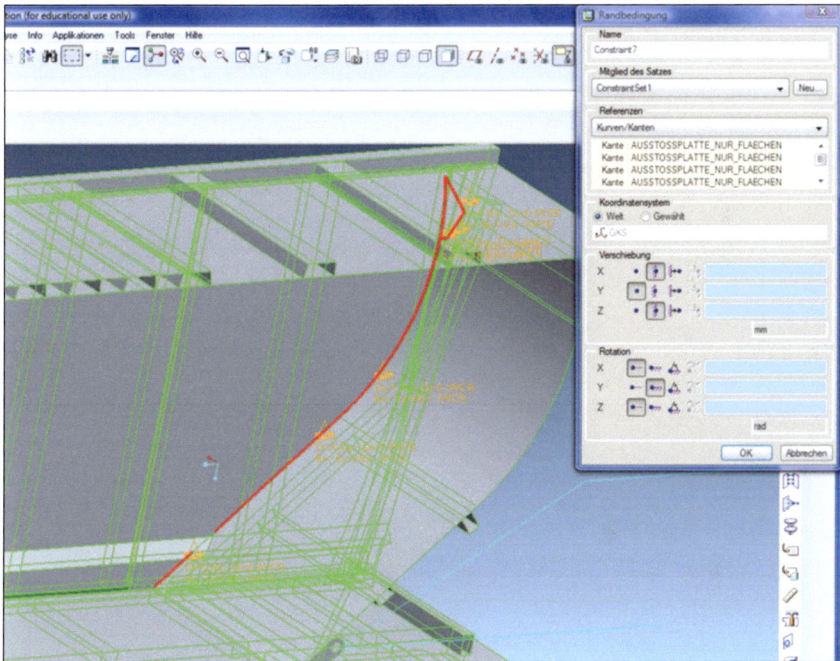

Darstellung 71: Randbedingung am Ausstoßschild[132]

4.7 Eingabe der Schalendefinition

Das Berechnungsmodell wurde dargestellt mit Schalen, da fast der gesamte Behälter aus Blechen besteht. Zum Modellieren von Blechen eignen sich die Schalen- und Füllmodule am besten. In den 3D-Darstellungen haben die Schalen keine Blechdicke; die Blechdicke wird nur rechnerisch in Pro/MECHANICA berücksichtigt.

---

[132] Eigene Darstellung (Screenshot aus Pro/MECHANICA)

Die nächste Aufgabe besteht nun darin, allen Blechen, Profilen usw. ihre jeweilige Dicke zuzuordnen. Aus Konstruktionsplänen[133] können die jeweiligen Blechdicken herausgelesen werden.

Zuletzt werden die erstellten Schalen in Pro/MECHANICA definiert. Jedem Blech werden die Dicke und das Material zugeordnet.

In **Darstellung 72** ist die Schalendefinitionseingabe der Bodenbleche ersichtlich. Auch allen anderen Schalen werden auf diese Weise ihre jeweilige Dicke und Material zugeordnet.

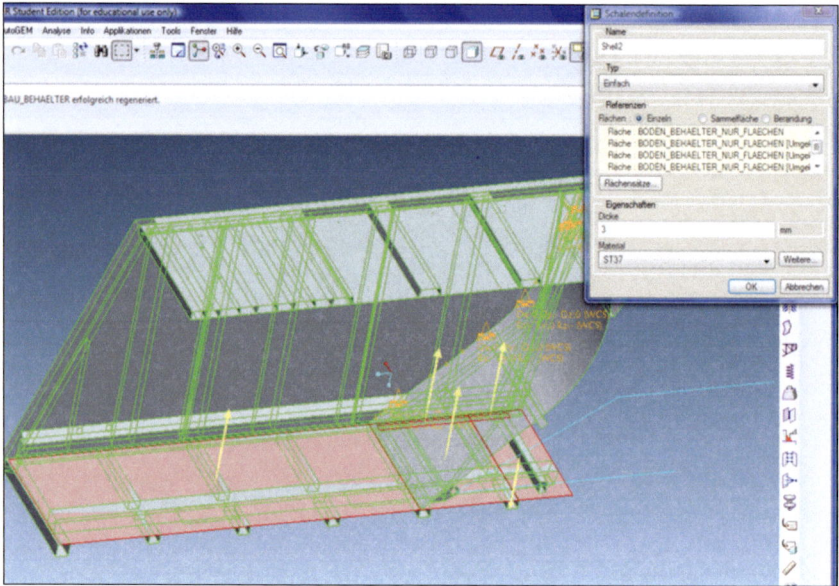

Darstellung 72: Schalendefinition[134]

Als Material wurde ST37[135] zugeordnet, wie in **Darstellung 73** ersichtlich.

---

[133] M-U-T Maschinen Umwelttechnik Transportanlagen
[134] Eigene Darstellung (Screenshot aus Pro/MECHANICA)
[135] Anmerkung: Bezeichnung für unlegierten Baustahl

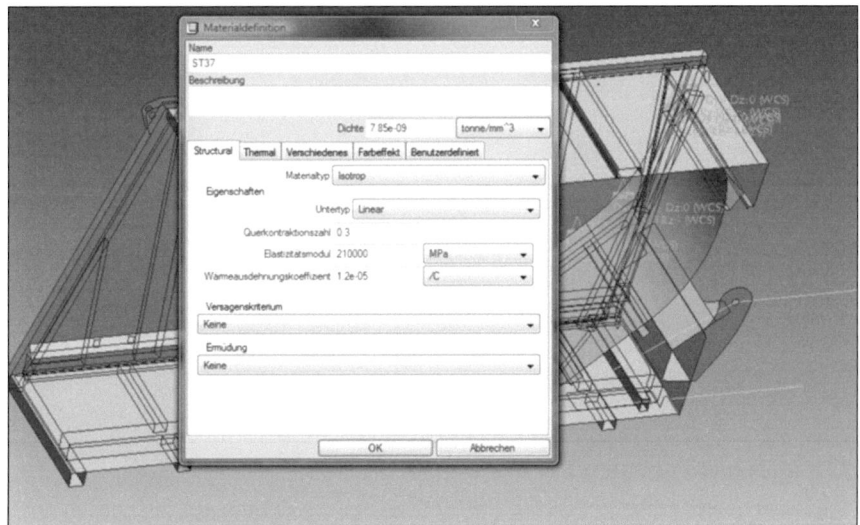

Darstellung 73: Materialdefinition für ST37[136]

Wichtig für die nachfolgende Spannungsberechnung ist der Elastizitätsmodul. Dieser wurde auf den für Stahl typischen Wert von 210.000MPa geändert. Alle anderen Werte sind ebenfalls für alle Stahltypen gültig.

4.8 Erster Rechenlauf

4.8.1 Überprüfen der resultierenden Last normal auf den Behälterboden

Nachdem alle Kräfte und Drücke eingegeben wurden, muss nochmals die resultierende Last auf den Behälterboden überprüft werden, um sicher zu gehen, dass die Müllgewichtskraft von $4{,}905*10^4$N erreicht wird.

Mittels dem Pro/ENGINEER- Tool „Gesamtlast überprüfen" wird diese Gesamtlast überprüft.

---

[136] Eigene Darstellung (Screenshot aus Pro/MECHANICA)

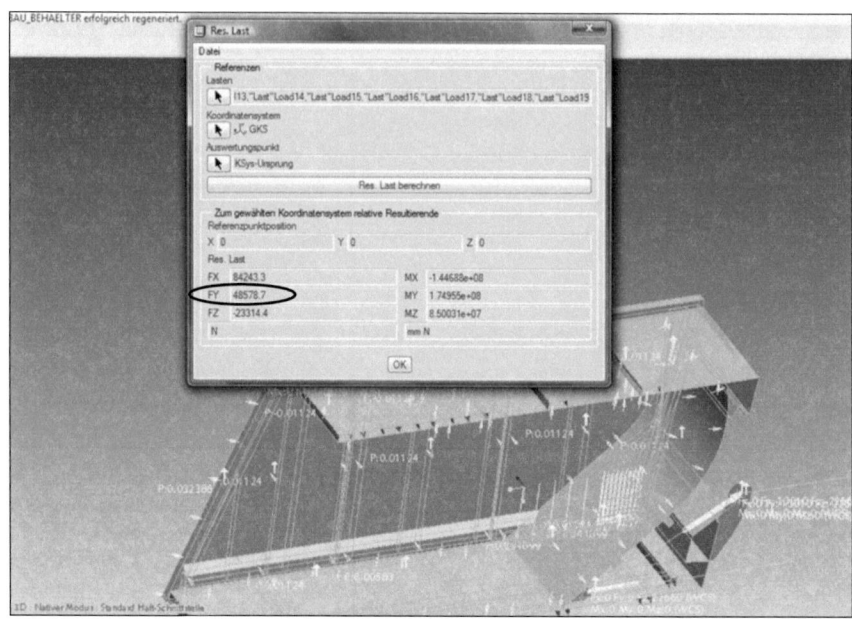

Darstellung 74: Überprüfung resultierende Kraft auf Behälterboden[137]

Es wurde eine Gesamtlast von etwa $4{,}858*10^4$N errechnet. Die Last sollte im optimalen Fall $4{,}905*10^4$N betragen. Als Toleranzgrenze haben wir jedoch +/- 2% festgelegt. Dies ist ein üblicher Wert für Finite Elemente- Berechnungen.

Die Abweichung beträgt:

$$100\% \ldots\ldots\ldots\ldots\ldots 4.905*10^4 N$$
$$x\% \ldots\ldots (4.905*10^4 N - 4.858*10^4 N)$$

$$x = \frac{100\% * (4.905*10^4 N - 4.858*10^4 N)}{4.905*10^4 N} = 0.96\%$$

Es ist ersichtlich, dass die Abweichung von 0.96% innerhalb der Toleranzgrenze von 2% liegt.

---

[137] Eigene Darstellung (Screenshot aus Pro/MECHANICA)

4.8.2 Durchführung des ersten Rechenlaufs

Nachdem alle Kräfte und Drücke eingegeben und überprüft sind, kann der Rechenlauf gestartet werden.

Für die Problemstellung wird eine statische Analyse erstellt. Die genaueren Funktionen dieser Analyse werden im **Kapitel 4.4.7.2** erklärt. Der gesamte Rechenlauf dauert etwa 1 ½ Stunden[138].

Im Anwendungsfall konnten nach Berechnungsende keine Probleme seitens des Programms festgestellt werden, der Rechenlauf verlief erfolgreich.

Aus der nachfolgenden **Darstellung 75** kann man Lasten und Hauptspannungen ablesen. Außerdem dient sie der Veranschaulichung, wie eine Ergebnisliste einer Pro/MECHANICA- Analyse aussieht.

---

[138] Anmerkung: Berechnungszeit richtet sich nach verwendeter Hardware

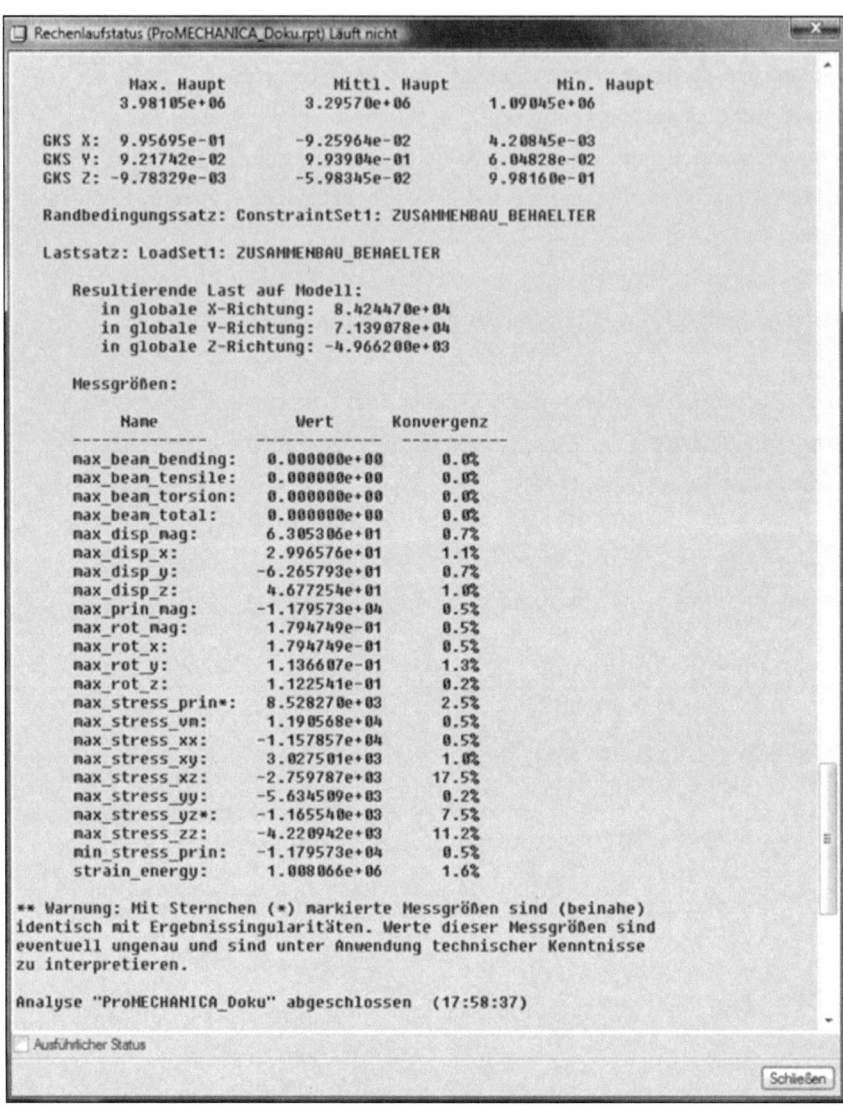

Darstellung 75: Ergebnisliste der Analyse mittels Pro/MECHANICA[139]

4.8.3 Grafische Darstellung der Ergebnisse des Rechenlaufs 1

Die grafischen Darstellungen der Analysenergebnisse sind im **Anhang**, **Anlage A bis F** dargestellt.

---

[139] Eigene Darstellung (Screenshot aus Pro/MECHANICA)

Am Spannungsplot sind hohe Spannungen (ca. 280N/mm²) im hinteren Dachteil zu erkennen. Eine Erklärung hierfür ist, dass der Abstand zwischen den Verstärkungsprofilen zum hinteren Teil des Daches hin abnimmt.

Um ein aussagekräftigeres Ergebnis zu erhalten, müssen auch noch die Spannungen mit Verformungen des Modells betrachtet werden. Auch diese grafische Darstellung ist im **Anhang** ersichtlich. Dabei wurden die Verformungen des Modells etwa 4x vergrößert. Bei dieser Darstellung fällt die große Verformung des hinteren Dachteils auf.

Zuletzt wird noch der Betrag der Verschiebung in einer Koordinatenrichtung betrachtet, zuerst in y- Richtung. Im hinteren Dachteil ist eine Verformung von etwa 60mm erkennbar. Danach erfolgt noch eine Betrachtung der Verschiebung in x-Richtung. Der hintere Teil der Seitenwand verschiebt sich maximal um 18mm. Im vorderen Bereich ist ebenfalls eine sehr hohe Verschiebung des Seitenwandbleches erkennbar.

4.9 Korrektur eingegebener Drücke

Nach der Betrachtung der Ergebnisse des ersten Rechenlaufes wurde festgestellt, dass solch große Verschiebungen real auch unter voll belasteten Behältern nicht auftreten.
Die Annahme, dass sich der Müll ähnlich wie Wasser ausbreitet, muss nochmals überdacht werden. Es müssen Durchschnittswerte für die Verschiebung an den einzelnen Stellen aus der Realität mit in die Berechnung einbezogen werden.
Am hinteren Dachteil ist real keine Verformung von 60mm zu beobachten. Nach Angaben des Containerherstellers, der Firma M-U-T Maschinen Umwelttechnik Transportanlagen, ist im Kastenaufbau des Daches mit Verformungen von 8 bis 12mm zu rechnen. Auch Erfahrungswerte für die Verschiebung der Seitenwand konnten eingeholt werden. Die Seitenwand verformt sich etwa um 2 bis 3mm nach außen durch die Presskräfte.

Die Aufgabe besteht nun darin, die eingegebenen Kräfte und Drücke so zu korrigieren, dass sich diese Verformungswerte einstellen. Somit können die real auftretenden Spannungen ermittelt werden.

Die maximale Verformung an der Seitenwand soll in etwa 3mm betragen und jene beim Kastenaufbau des Daches etwa 10mm.

Es müssen nun jene Drücke gefunden werden, bei der die oben angeführten Verformungen erreicht werden. Diese können nur durch iterative Rechnungen mit plausiblen Werten gefunden werden. Da der PC für einen Rechengang etwa 1 ½ Stunden benötigt, ist dieser Arbeitsschritt mit großem Zeitaufwand verbunden.

Die in den nachfolgenden Unterkapiteln angeführten Drücke müssen verändert werden, um plausible Verformungen zu erhalten.

4.9.1 Korrektur des Druckes auf die Dachfläche

Aus der Praxis wird abgeleitet, dass der Druck auf die Dachfläche zwischen dem Kastenaufbau und dem Ausstoßschild verlaufend zum Ölbehälter weniger wird. Daraus folgt, dass dort, wo der Müll vom Ausstoßschild begrenzt wird, der Druck des Mülls gleich Null ist und am Ende des Kastenaufbaues maximal.

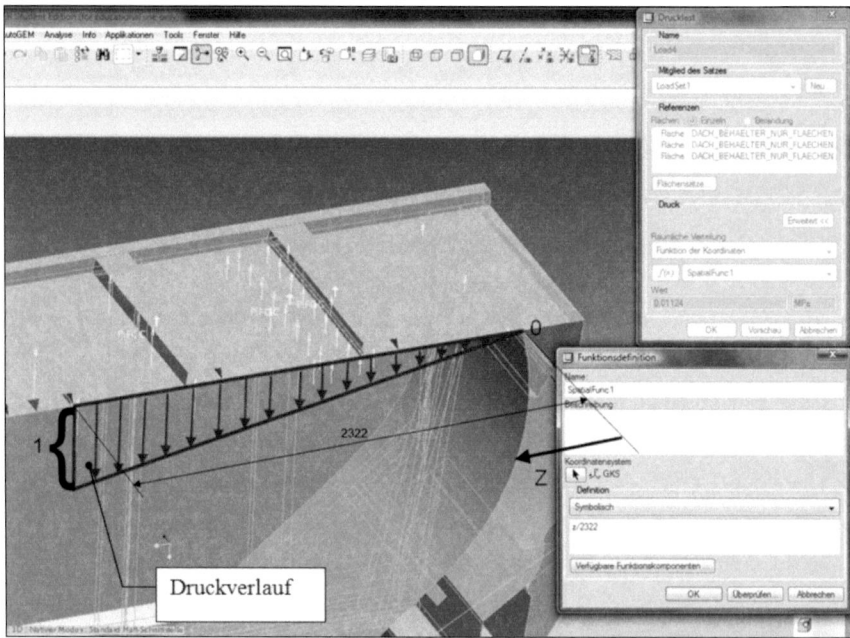

Darstellung 76: Korrektur des Druckes auf das Dach[140]

---

[140] Eigene Darstellung (bearbeiteter Screenshot aus Pro/MECHANICA)

Am plausibelsten erscheint ein Druckverlauf in Form einer Geradengleichung. Diese Belastungsart wird im **Kapitel 4.4.5** genauer erklärt.

Nach der Gleichung $y(z) = k * z + d$ erhält man mittels Einsetzen:

$$1 = k * 2.322 + 0$$
$$\Rightarrow k = 1 / 2.322$$

$$\Rightarrow f(z) = z / 2.322$$

Die Funktion lautet somit z / 2.322, diese Funktionsdefinition wird auch in Pro/MECHANICA für den Druck auf das Dach eingegeben.

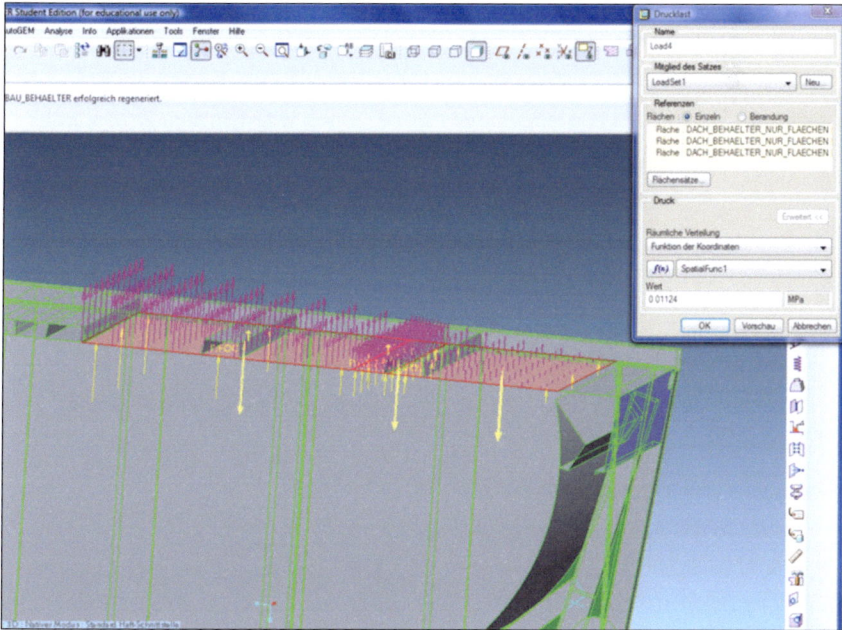

Darstellung 77: Druckverlauf des Daches[141]

Der gleichmäßig verteilte Druck von 0,01124N/mm² auf den Kastenaufbau des Daches bleibt nach wie vor bestehen.

---

[141] Eigene Darstellung (Screenshot aus Pro/MECHANICA)

4.9.2 Zusätzlicher Druck auf den Kasten des Daches

Im Bereich, in dem der Kastenaufbau des Daches endet und das Dach nur noch stellenweise mit Profilen verstärkt ist, soll sich eine plastische Verformung des gesamten Kastenaufbaues um etwa 10mm einstellen.

Da nach dem ersten Rechenlauf nur eine Verschiebung von etwa 4mm feststellbar war (siehe Verschiebungsplots im **Anhang**), muss ein zusätzlicher Druck auf den Dachaufbau wirken.

Der Wert dieses Druckes kann nur durch iterative Rechengänge abgeschätzt werden. Dadurch wurde herausgefunden, dass ein zusätzlicher Druck auf den Kastenaufbau des Daches von 0,00787N/mm² wirken muss, um eine Verformung von etwa 12mm zu erreichen.

Die gesamte Fläche des Kastenaufbaues des Daches wird mit dem Zusatzdruck von 0,00787N/mm² belastet.
Die gewählten Referenzflächen sind in der Abbildung **Darstellung 78** ersichtlich. Die Kraftrichtung zeigt auf die Dachfläche (Dachfläche wird belastet).

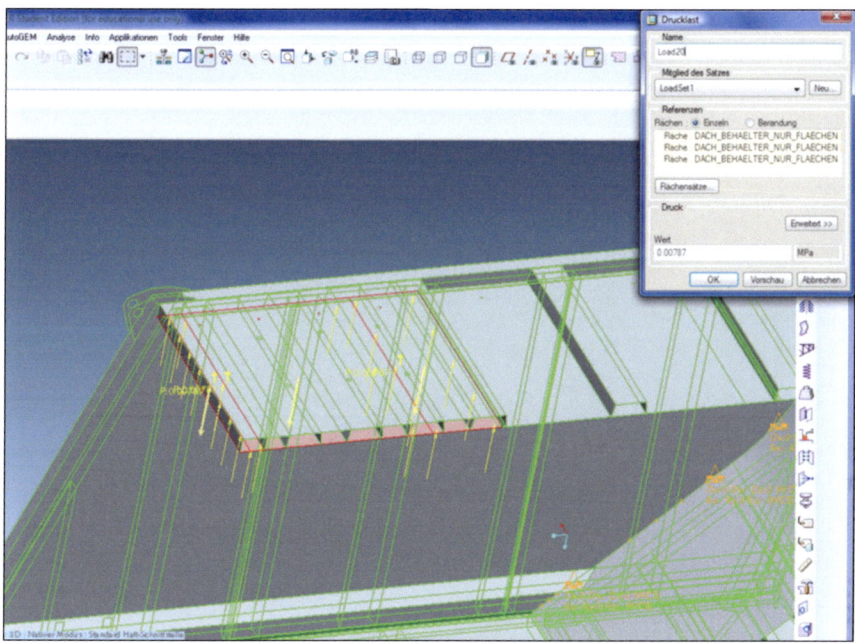

Darstellung 78: Zusätzlicher Druck auf Kastenaufbau Dach[142]

4.9.3 Korrektur des Oberflächendruckes auf die Behälterseitenwand

Der Oberflächendruck, welcher auf die Behälterseitenwand wirkt, muss verringert werden, da eine Verformung (Auswölbung) der Behälterseitenwand von etwa 18mm erreicht wurde. Üblich ist jedoch nur eine Verformung von etwa 3mm.

Der Wert des neuen Druckes kann nur durch iterative Rechengänge abgeschätzt werden. Es wurde herausgefunden, dass ein Fünftel des ursprünglichen Druckes auf die Seitenwand des Behälters wirken muss, um eine Verformung von etwa 3mm zu erreichen, wie auf **Darstellung 79** ersichtlich.

---

[142] Eigene Darstellung (Screenshot aus Pro/MECHANICA)

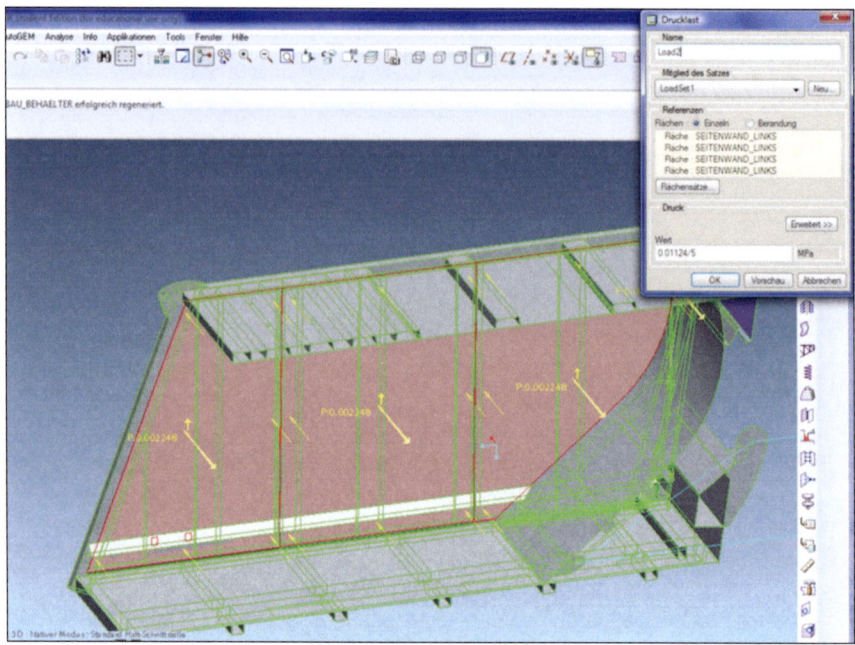

Darstellung 79: Korrigierter Druck auf Behälterseitenwand[143]

4.9.4 Korrektur des Eigengewichts des Mülls

Da die Drücke, die auf das Dach wirken, verändert wurden, muss die resultierende Müllgewichtskraft ebenfalls neu berechnet werden.

Mittels dem Pro/MECHANICA- Tool „Gesamtlast überprüfen" wird die resultierende Kraft in y- Richtung errechnet (Vergleich mit **Kapitel 4.3.9**).

Von der Berechnung wiederum ausgeschlossen sind die Zylinderkraft, welche die Schlittenwand nach oben bewegt und somit den Müll zusammenpresst, und der Druck auf den Kastenaufbau des Daches, der durch diese Presskraft hervorgerufen wird. Alle anderen Kräfte und Drücke werden in die Berechnung der resultierenden Last in y- Richtung mit einbezogen.

---

[143] Eigene Darstellung (Screenshot aus Pro/MECHANICA)

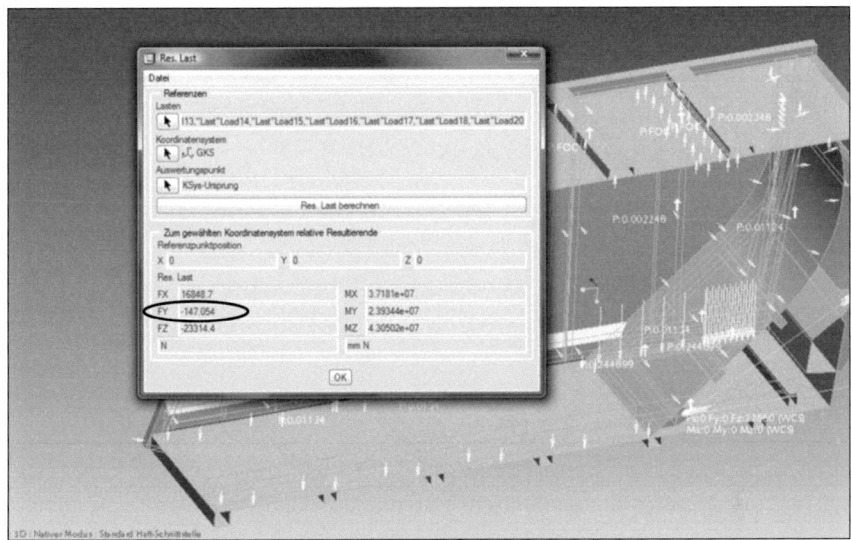

Darstellung 80: Resultierende Last für Rechengang 2[144]

Wie in **Darstellung 80** ersichtlich, ergibt sich eine resultierende Last in y- Richtung von ca. -147N. Da diese Kraft verhältnismäßig klein ist, ergibt sich in etwa ein Kräftegleichgewicht zwischen allen Drücken und Kräften, die in y- Richtung wirken, das heißt, Kräfte die nach oben wirken, gleichen sich mit den Kräften, welche nach unten wirken, aus. Dies erscheint im Gegensatz zum ersten Rechengang, als die resultierende Kraft noch 21.485N betrug, plausibel.

Die resultierende Last von -147N wird ebenfalls in die nachfolgende Berechnung miteinbezogen, um ein exaktes Kräftegleichgewicht zu erhalten.
Als zusätzliche Last auf den Behälterboden erhalten wir wiederum mittels:

Müllgewichtskraft F_M - resultierende Last = zusätzliche Last auf Behälterboden
$\quad$ 49.035N − (−147N) = 49.182N

Somit muss auf die Bodenfläche des Behälters zusätzlich als Müllgewichtskraft eine resultierende Last von 49.182N wirken. Diese Kraft wird wieder in einen Flächendruck umgerechnet.

---

[144] Eigene Darstellung (Screenshot aus Pro/MECHANICA)

Berechnung der resultierenden Müllgewichtskraft

Angaben:

zusätzliche Last auf Behälterboden: $F_{Bb} := 49182 N$

Breite Behälterboden: $b_{Bb} := 1142 mm$

Länge Behälterboden: $l_{Bb} := 3229 mm$

Berechnung:

Behälterbodenfläche:
$$A_{Bb} := b_{Bb} \cdot l_{Bb}$$
$$A_{Bb} = 3.688 \cdot m^2$$

Druck auf Behälterbodenfläche:
$$p_{Bb} := \frac{F_{Bb}}{A_{Bb}}$$
$$p_{Bb} = 0.01334 \frac{N}{mm^2}$$

Es ergibt sich somit ein zusätzlicher Druck auf den Behälterboden von 0,01334 N/mm², um eine resultierende Müllgewichtskraft von $4,9035 \cdot 10^4 N$ zu erhalten.

Die gewählte Referenzfläche für die Eingabe der Last in Pro/MECHANICA ist auf **Darstellung 81** ersichtlich, der Druck beträgt 0,01334 MPa.
Die Kraftrichtung zeigt auf die Behälterbodenfläche (Behälterbodenfläche wird belastet).

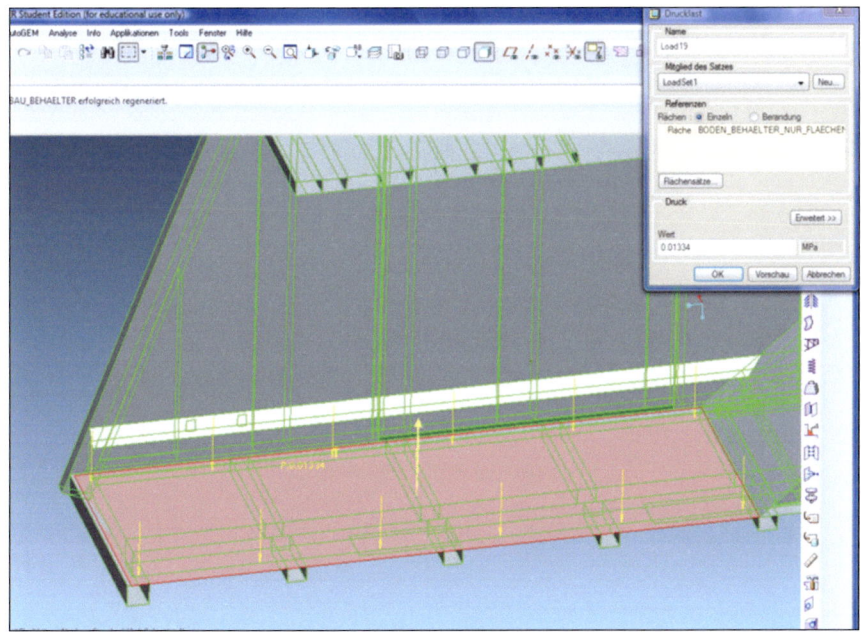

Darstellung 81: Korrektur der resultierenden Müllkraft[145]

4.10 Zweiter Rechenlauf

4.10.1 Überprüfen der resultierenden Last normal auf den Behälterboden

Nachdem alle Kräfte und Drücke eingegeben sind, muss die resultierende Last auf den Behälterboden überprüft werden, um sicher zu gehen, dass die Müllgewichtskraft von $4{,}905 \cdot 10^4 N$ erreicht wird.

Mittels dem Pro/ENGINEER- Tool „Gesamtlast überprüfen" wird die Gesamtlast überprüft.

---

[145] Eigene Darstellung (Screenshot aus Pro/MECHANICA)

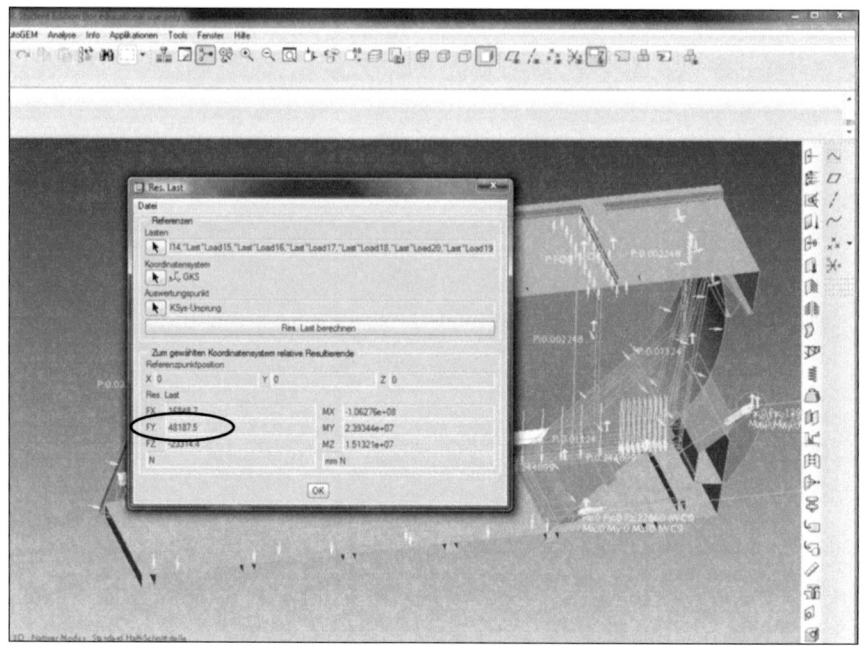

Darstellung 82: Überprüfung der resultierenden Last auf den Behälterboden für Rechenlauf 2[146]

Es wurde eine Gesamtlast von etwa $4{,}819*10^4 N$ errechnet. Die Last sollte im optimalen Fall $4{,}905*10^4 N$ betragen. Als Toleranzgrenze haben wir jedoch +/- 2% festgelegt. Dies ist ein üblicher Wert für Finite Elemente- Berechnungen.

Die Abweichung beträgt:

$$100\% \ \dotfill \ 4.905*10^4 N$$
$$x\% \ \dotfill \ (4.905*10^4 N - 4.819*10^4 N)$$

$$x = \frac{100\% * (4.905*10^4 N - 4.819*10^4 N)}{4.905*10^4 N} = 1.75\%$$

Es ist ersichtlich, dass die Abweichung von 1.75% innerhalb der Toleranzgrenze von 2% liegt.

---

[146] Eigene Darstellung (Screenshot aus Pro/MECHANICA)

4.10.2 Durchführen des zweiten Rechenlaufs

Nachdem alle Kräfte und Drücke eingegeben und überprüft wurden, kann der zweite Rechenlauf gestartet werden.

Es wird wiederum eine statische Analyse erstellt, der gesamte Rechenlauf dauert etwa 1 ½ Stunden[147]. Der Rechenlauf für den Anwendungsfall verlief erfolgreich.

Aus der nachfolgenden **Darstellung 83** kann man Lasten und Hauptspannungen ablesen:

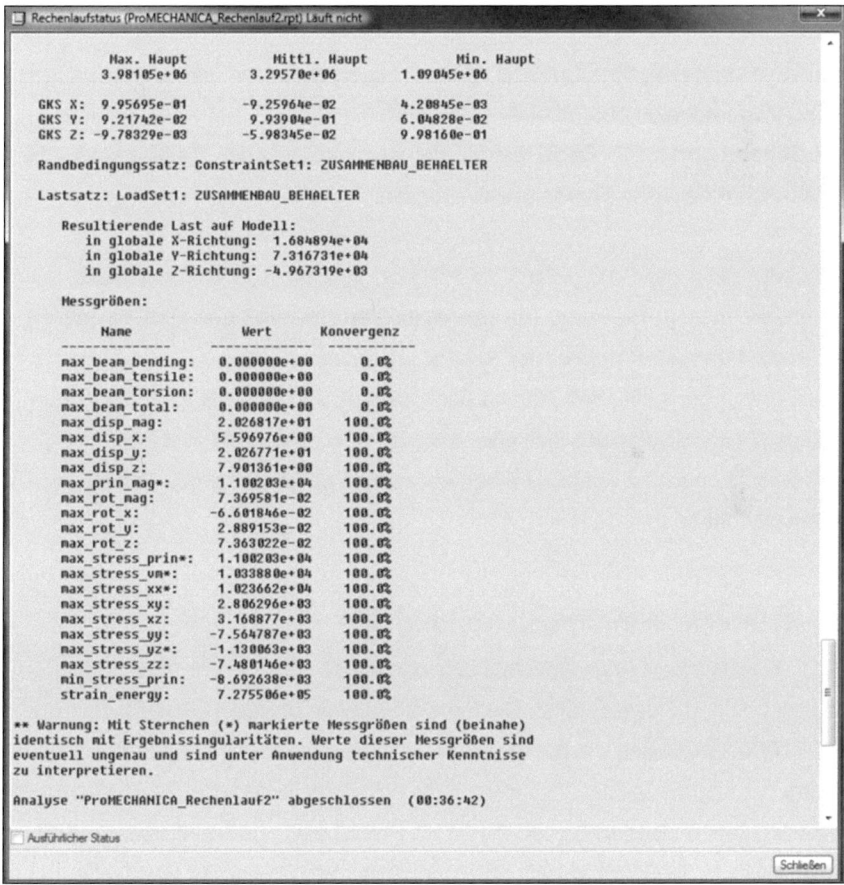

Darstellung 83: Ergebnisliste der Analyse mittels Pro/MECHANICA[148]

---

[147] Anmerkung: Berechnungszeit richtet sich nach verwendeter Hardware

[148] Eigene Darstellung (Screenshot aus Pro/MECHANICA)

4.10.3 Grafische Darstellung der Ergebnisse des Rechenlaufs 2

Die grafischen Darstellungen der Analysenergebnisse sind im **Anhang, Anlage G bis K** dargestellt.

Am Spannungsplot sind nur stellenweise, etwa in den Schweißnähten des Kastenaufbaues, hohe Spannungen zu finden (bis ca. 380N/mm²). Insgesamt kann aber eine deutlichere Gleichverteilung der Spannungen im Gegensatz zum Spannungsplot des ersten Rechenganges erkannt werden. Die Ergebnisse erscheinen denkbar und realistisch.

Um ein aussagekräftigeres Ergebnis zu erhalten, werden auch noch die Spannungen mit Verformungen des Modells betrachtet. Auch diese grafische Darstellung ist im **Anhang** ersichtlich. Dabei werden die Verformungen des Modells etwa 12x vergrößert, um deutliche Ergebnisse zu erhalten.

Zuletzt wird noch der Betrag der Verschiebung in einer Koordinatenrichtung betrachtet; zuerst in y- Richtung. Die maximale Verschiebung des Daches beträgt rund 10 bis 11mm, exakt wie es der Realität entspricht.
Danach erfolgt noch eine Betrachtung der Verschiebung in x- Richtung. Der hintere Teil der Seitenwand würde sich etwa maximal um 3,5mm verschieben.
Im vorderen Bereich ist ebenfalls eine sehr hohe Verschiebung des Seitenwandbleches erkennbar.

4.11 Schweißspannungsauswertung

Bei der Schweißspannungsnachrechnung handelt es sich um die Nachrechnung aller vorhandenen Schweißnähte. Die Schweißspannungsnachrechnung wird nach DIN 15018 durchgeführt, mit der Annahme, dass der Werkstoff St 52-3[149] verwendet wird.

Die Schweißspannungsnachrechnung ist im Praxisbeispiel die zeitintensivste Arbeit, da jede Schweißnaht einzeln im Finite Elemente- Programm angewählt und ausgelesen werden muss. Die Richtungen, in welche die Schweißnähte parallel und normal beansprucht werden, müssen einzeln durchdacht und idealerweise in

---

[149] Anmerkung: Werkstoff laut Firma M-U-T Maschinen Umwelttechnik Transportanlagen

eine Tabelle eingetragen werden, was zu einer regelrechten Flut an Daten führt. Die Tabellierung der Daten (siehe **Anhang, Anlage S**) hilft die Daten systematisch aufzunehmen.

4.11.1 Wirkprinzip und Anwendung von Schweißnähten

„Beim Verbindungsschweißen werden die Teile am Schweißstoß durch Schweißnähte unlösbar zu einem Schweißteil zusammengefügt. Durch Schweißen von Schweißteilen entstehen Schweißgruppen. Das fertige Bauteil (Schweißkonstruktion) kann aus einer oder mehreren Schweißgruppen bestehen."[150]

Als feste Stoffschlussverbindung sind Schweißverbindungen besonders geeignet für:[151]

- zum Übertragen von Kräften, Biege- und Torsionsmomenten
- zum kostengünstigen Verbinden
- zum Einsatz bei hohen Betriebstemperaturen
- als instandhaltungsfreundliche Konstruktion
- für dichte Fügestellen

„Im Maschinenbau dient das Schweißen im Wesentlichen der Gestaltung, besonders bei Einzelfertigungen oder geringen Stückzahlen, z. B. von Hebeln, Radkörpern, Rahmen, Getriebegehäusen, Schutzkästen, Lagergehäusen, Seiltrommeln und Bandrollen. Neben der Konstruktionsschweißung sind noch die Reparaturschweißung bei Rissen oder Brüchen, die Auftragsschweißung zur Panzerung und Plattierung von Bauteilen oder zur Beseitigung von Verschleißstellen und das mit der Schweißtechnik verbundene Brennschneiden zu nennen."[152]

---

[150] Muhs u.a. (2003) S. 93.
[151] Vgl. Muhs u.a. (2003) S. 93.
[152] Muhs u.a. (2003) S. 95.

4.11.1.1 Schweißverfahren

1. Schmelzschweißen

„Beim Schmelzschweißen werden die Teile durch örtlich begrenzten Schmelzfluss ohne Anwendung von Kraft mit oder ohne Zusatzwerkstoff verschweißt. Die in der Schweißzone wirkende Arbeit wird von außen durch Energieträger (z. B. Lichtbogen) zugeführt. Nach der Art der Fertigung ist zu unterscheiden zwischen Handschweißen und mechanischem bzw. automatischem Schweißen. Während das Schweißen von Hand die Herstellung auch verwickelter Schweißkonstruktionen ermöglicht, ist das mechanische bzw. automatische Schweißen sehr wirtschaftlich und daher anzustreben."[153]

2. Pressschweißen

„Beim Pressschweißen werden die Teile unter Anwendung von Kraft ohne oder mit Schweißzusatz vereinigt. Örtlich begrenztes Erwärmen (u. U. bis zum Schmelzen) ermöglicht oder erleichtert das Schweißen. Die in der Schweißzone wirkende Arbeit wird von außen durch Energieträger (z. B. elektrischer Strom) zugeführt. Alle Pressschweißverfahren sind äußerst wirtschaftlich."[154]

4.11.1.2 Auswirkungen des Schweißvorgangs

Bei einem Schweißvorgang entstehen Spannungen und Schrumpfungen.

1. Auswirkung der Schweißschrumpfung

„Die in jedem geschweißten Bauteilen vorhandenen Schrumpfkräfte führen zu Schrumpfungen (Verkürzungen), Eigenspannungen und – abhängig von der Form und Steifigkeit des Bauteiles – zu Änderungen der Querschnittsform und des Achsverlaufes (Verwerfungen und Verzug)."[155]

---

[153] Muhs u.a. (2003) S. 95.
[154] Muhs u.a. (2003) S. 95.
[155] Muhs u.a. (2003) S. 97.

2. Zusammenwirken von Eigen- und Lastspannungen

Da die Schweißspannungen allein schon die Streckgrenze des Werkstoffs erreichen, muss auf die Sicherheit geachtet werden, die dem Bauteil bleibt, wenn durch Betriebslasten noch zusätzlich Lastspannungen erzeugt werden.[156]

Allgemein gilt für die Schweißbarkeit der Bauteile:

„Bei überwiegend ruhender Beanspruchung (z. B. Stahlhochbau) findet bei Verwendung schweißgeeigneter Grund- und Zusatzwerkstoffe (z. B. S235[157], S355[158]) unter Last ein Spannungsabbau durch örtliches Fließen statt. Die Tragfähigkeit der Bauteile wird durch die Schweißeigenspannung nicht gemindert."[159]

„Bei dynamischer Beanspruchung, z. B. im Maschinen- und Kranbau, haben die Schweißeigenspannungen bei Verwendung schweißgeeigneter Grund- und Zusatzstoffe und bei schweißgerechter Gestaltung nur geringen Einfluss auf die Dauerhaltbarkeit."[160]

4.11.1.3   Schweißbarkeit der Bauteile

„Die Schweißbarkeit eines Bauteils ist nach DIN 8582-1 (Schweißbarkeit metallischer Werkstoffe, Begriffe) gegeben, wenn die erforderliche Belastbarkeit bei ausreichender Sicherheit und Wirtschaftlichkeit gewährleistet ist. Dabei müssen drei Einflussgrößen berücksichtigt werden, von denen jede für sich entscheidend sein kann: der Werkstoff, die Konstruktion und die Fertigung. Es ist z. B. sinnlos, die Schweißbarkeit durch einen geeigneteren Werkstoff anzuheben und sie gleichzeitig durch eine Konstruktion mit schlechtem Kraftfluss oder durch eine nicht fachgerechte Fertigung wieder zu schwächen."[161]

---

[156] Vgl. Muhs u.a. (2003) S. 98.

[157] Anmerkung: Bezeichnung für unlegierten Baustahl

[158] Anmerkung: Bezeichnung für unlegierten Baustahl

[159] Muhs u.a. (2003) S. 99.

[160] Muhs u.a. (2003) S. 99.

[161] Muhs u.a. (2003) S. 99.

Schweißeignung der Werkstoffe

„Die Schweißeignung eines Werkstoffes ist vorhanden, wenn bei der Fertigung aufgrund der werkstoffgegebenen chemischen, metallurgischen und physikalischen Eigenschaften eine den jeweils gestellten Anforderungen entsprechende Schweißung hergestellt werden kann."[162]

Wir möchten nur auf den Werkstoff Stahl näher eingehen, da dieser auch als Werkstoff für den Abfallsammelbehälter verwendet wird.

„Die Schweißeignung der Stähle ist im Wesentlichen von deren Kohlenstoffgehalt (Aufhärtung), von der Erschmelzungs- und Vergießungsart (Begleitelemente, Seigerungen) und bei legierten Stählen noch von der Menge der Legierungsbestandteile abhängig."[163]

„Allgemein gilt, kohlenstoffarme Stähle (<=0,22% C) sind gut, kohlenstoffreiche Stähle nur bedingt schweißbar …"[164]

„Bei den un- und niedrig legierten Stählen wird die Schweißeignung hauptsächlich von der Härtungsneigung bestimmt."[165]

Folgende Schweißverfahren sind gebräuchlich:
- WIG
- MIG
- Elektrodenschweißen

Schweißeignung der Werkstoffe

„Die Schweißsicherheit einer Konstruktion ist vorhanden, wenn mit dem verwendeten Werkstoff das Bauteil aufgrund seiner konstruktiven Gestaltung unter den vorgesehenen Betriebsbedingungen funktionsfähig bleibt. Sie wird überwiegend von der konstruktiven Gestaltung (z. B. Kraftflussver-

---

[162] Muhs u.a. (2003) S. 99.
[163] Muhs u.a. (2003) S. 100.
[164] Muhs u.a. (2003) S. 100.
[165] Muhs u.a. (2003) S. 100.

lauf) und vom Beanspruchungszustand (z. B. Art und Größe der Spannungen) beeinflusst."[166]

Fertigungsbedingte Schweißsicherheit

„Die Schweißmöglichkeit in einer schweißtechnischen Fertigung ist vorhanden, wenn die an einer Konstruktion vorgesehenen Schweißungen unter den gewählten Fertigungsbedingungen fachgerecht hergestellt werden können. Sie wird überwiegend von der Schweißvorbereitung (z. B. Stoßarten, Vorwärmung), der Ausführung der Schweißarbeiten (z .B. Schweißfolge) und der Nachbehandlung (z. B. Glühen) beeinflusst."[167]

Schweißzusatzwerkstoffe

„Die Zusatzwerkstoffe müssen auf die Grundwerkstoffe, das Schweißverfahren und die Fertigungsbedingungen abgestimmt sein. Während beim Schweißen von unlegierten Stählen und Gusseisen die verlangte Festigkeit oft auch mit Zusatzwerkstoffen erreichbar ist, deren Zusammensetzung wesentlich vom Grundwerkstoff abweicht, muss bei korrosionsbeanspruchten Schweißteilen (meist aus nicht rostendem Stahl oder Al-Legierungen) der Grundsatz der artgleichen Schweißung eingehalten werden."[168]

Grundsätzlich werden Schweißungen mit Gasschweißstäben (für un- und niedrig legierte Stähle) oder Stabelektroden (für unlegierte Stähle und Feinkornstähle, aus denen z. B. auch die Bauteile des Abfallsammelfahrzeuges gefertigt sind) hergestellt.[169]

4.11.1.4 Stoß- und Nahtarten

„Der Schweißkopf ist der Bereich, in dem die Teile durch Schweißen miteinander vereinigt werden. Nach der konstruktiven Anordnung der Teile zueinander (Verlängerung, Verstärkung, Abzweigung) lassen sich die ... zusammengefassten Stoßarten unterscheiden."[170]

---

[166] Muhs u.a. (2003) S. 103.
[167] Muhs u.a. (2003) S. 103.
[168] Muhs u.a. (2003) S. 103.
[169] Vgl. Muhs u.a. (2003) S. 103.
[170] Muhs u.a. (2003) S. 104.

„Die Schweißnaht vereinigt die Teile am Schweißstoß. Die Nahtart hängt im Wesentlichen von der Stoßart, der Nahtvorbereitung (z. B. Fugenform), dem Werkstoff und dem Schweißverfahren ab."[171]

Stoßart	Anordnung der Teile [1]	Erläuterung der Stoßart	Geeignete Nahtformen (Symbole) Hinweise
Stumpfstoß		Die Teile liegen in einer Ebene. Sie stoßen stumpf gegeneinander.	∧ ‖ V X Y Ungestörter Kraftfluss (bevorzugt anwenden)
Parallelstoß		Die Teile liegen parallel aufeinander.	⌐ ⊳ ⌐ ‖‖ Häufig bei Gurtplatten von Biegeträgern.
Überlappstoß		Die Teile liegen parallel aufeinander. Sie überlappen sich.	⌐ ⊳ Häufig als Stabanschluss im Stahlbau.
T-Stoß		Die Teile stoßen rechtwinklig (T-förmig) aufeinander.	⌐ ⊳ K Bei Querzugbeanspruchung Maßnahmen erforderlich.[2]
Doppel-T-Stoß (Kreuzstoß)		Zwei in einer Ebene liegende Teile stoßen rechtwinklig auf ein dazwischenliegendes drittes.	⌐ ⊳ K Bei Querzugbeanspruchung Maßnahmen erforderlich.[2]
Schrägstoß		Ein Teil stößt schräg gegen ein anderes.	⌐ Kehlwinkel ≥ 60°. Bei Querzugbeanspruchung Maßnahmen erforderlich.[2]
Eckstoß		Zwei Teile stoßen unter beliebigem Winkel aneinander (Ecke).	⌐ Weniger belastbar als T-Stoß.
Mehrfachstoß		Drei oder mehr Teile stoßen unter beliebigem Winkel aneinander.	Erfassen aller Teile schwierig. Für höhere Beanspruchung ungeeignet.
Kreuzungsstoß		Zwei Teile liegen kreuzend übereinander.	⌐ Vereinzelt im Stahlbau.

Darstellung 84: Stoßarten nach DIN 1912-1[172]

---

[171] Muhs u.a. (2003) S. 104.
[172] Muhs u.a. (2003) S. 105.

4.11.2 Ablauf der Schweißspannungsnachrechnung

Dieses Kapitel beschreibt jenen Ablauf, nach dem die Schweißspannungsnachrechnungen des Abfallsammelbehälters erfolgten. Zur Auswertung wurden die Programme Microsoft Excel und Pro/MECHANICA (Ergebnisfenster der Spannungen) verwendet.

4.11.2.1 Auswertungsteil in Pro/MECHANICA

Um mit der Schweißspannungsnachrechnung beginnen zu können, ist es notwendig, in der Pro/MECHANICA- Ansicht die gespeicherte Analyse zu wählen. Nach der Bestätigung wird in das Auswahlmenü mit der grafischen Auswertung gewechselt. Der erste Schritt für die Nachrechnung ist es, den Schweißnähten im Finite Elemente- Programm die benötigten Richtungen, in welche die Schweißnähte belastet werden, zuzuweisen. Auf der nachfolgenden **Darstellung 85** sind die verschiedenen Auswahlmöglichkeiten, welche gewählt werden können, abgebildet.

In diesem Beispiel wird die *Richtung XX* angenommen.

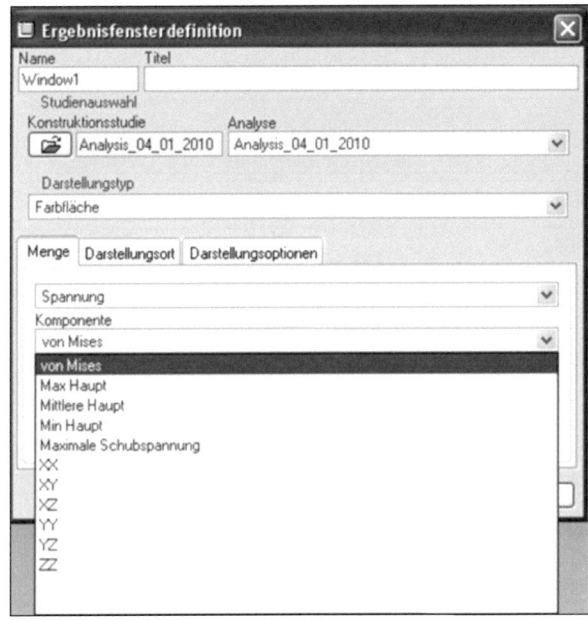

Darstellung 85: Auswahlmöglichkeiten Belastungen[173]

---
[173] Eigene Darstellung (Screenshot aus Pro/MECHANICA)

Wenn nun die gewünschte Richtung ausgewählt wird, können im darunter liegenden Feld die benötigten Parameter eingestellt werden. So zum Beispiel, ob die maximalen oder minimalen Spannungen von der Schale „Oben" oder „Unten" als Ergebnis ausgegeben werden sollen oder ob sofort beide mit der Eingabe von „Oben und Unten von Schale" ausgegeben werden. Für das Berechnungsbeispiel wird die Einstellung „Oben und Unten von Schale" gewählt.

Im beschriebenen Praxisbeispiel wechselt die Einstellung von „Maximum / Minimum" und „Oben und Unten von Schale" aufgrund der zweigeteilten Nachrechnung. Im Endergebnis ist dies jedoch nicht von Belang, da beides zum gleichen Ergebnis führt. Nach diesem Schritt kann optional nun auch noch das Koordinatensystem geändert werden. Es wird jedoch bei der Voreinstellung „GKS- Koordinatensystem" verblieben.

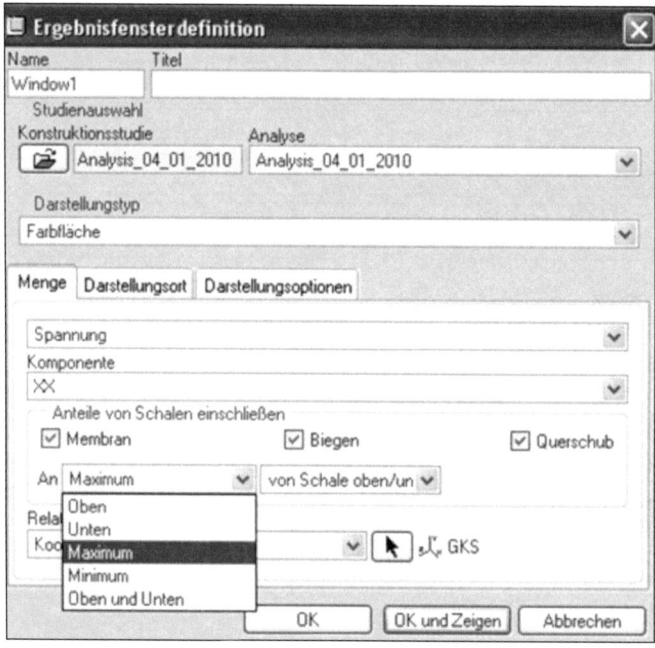

Darstellung 86: Auswahlmöglichkeiten Belastungsansicht[174]

Nachdem dieser Schritt abgeschlossen ist, wird mittels Umschalten auf den „Darstellungsort"- Button direkt das auf der **Darstellung 87** gezeigte Auswahlfenster gewechselt. Um nicht aus dem gesamten Müllbehälter die Schweißnähte heraus-

---
[174] Eigene Darstellung (Screenshot aus Pro/MECHANICA)

suchen zu müssen, gibt es in Pro/MECHANICA die Möglichkeit, über das Umschalten von „Alle" auf „Flächen", die zu einer bestimmten Schweißnaht gehörenden Flächen auszuwählen (welche in der Realität den verschiedenen verschweißten Stahlblechen entsprechen). Dies ist ein sehr hilfreiches Feature von Pro/MECHANICA, welches zu einer klareren Dokumentation erheblich beiträgt. Weiters beschränkt sich diese Auswahl nicht nur auf „Alle" oder „Flächen", es können auch „Kurven", „Volumina" oder „Komponenten/Folien" gewählt werden. Durch Betätigen des „Darstellungsoptionen"- Buttons wird erneut in ein anderes Menüfenster gewechselt. In diesem können Einstellungen bezüglich der Legende, der Farbskala oder der angezeigten Elemente vorgenommen werden.

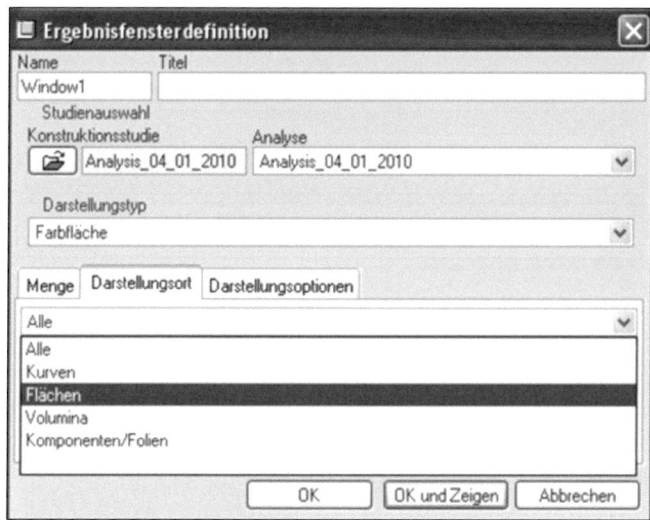

Darstellung 87: Auswahlfenster / Darstellungsort[175]

Nachdem nun die gewünschte Einstellung vorgenommen worden ist, wird durch Betätigen der „OK und Zeigen"- Taste in ein Auswahlfenster (**Darstellung 88**) gewechselt, in welchem die für die bestimmte Schweißnaht benötigten Flächen ausgewählt werden können. Da jedoch zu jeder Schweißnaht zwei Flächen gehören, muss nun die zweite Fläche ebenfalls ausgewählt werden.

Wenn nun alle benötigten Flächen gewählt sind, erscheint mit Betätigen des „OK"- Buttons das Ergebnisfenster (**Darstellung 89**).

---

[175] Eigene Darstellung (Screenshot aus Pro/MECHANICA)

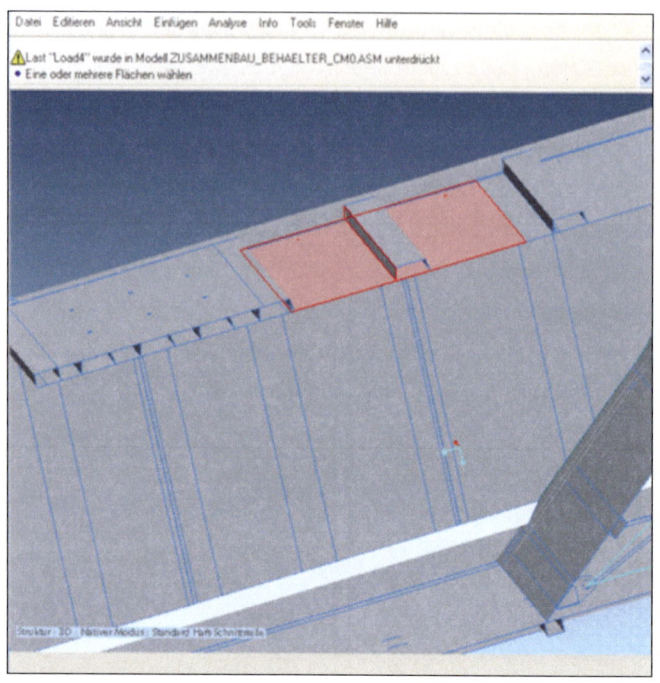

Darstellung 88: Auswahl der benötigten Flächen[176]

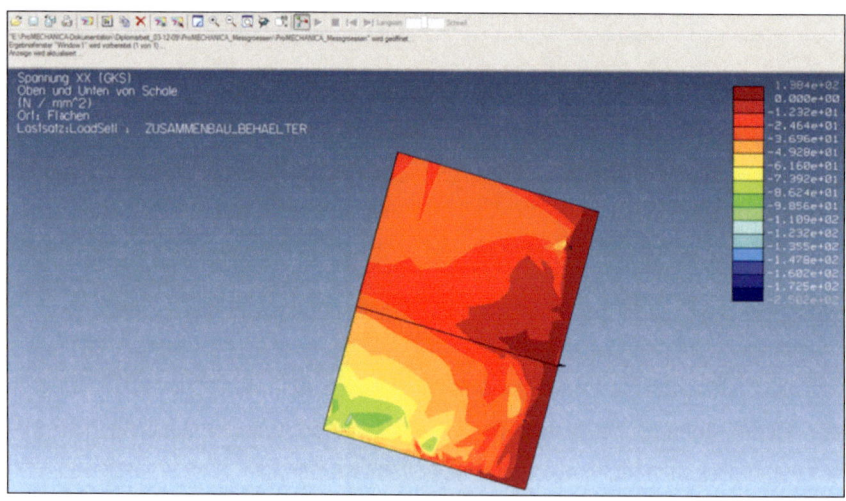

Darstellung 89: Ergebnisfenster[177]

---

[176] Eigene Darstellung (Screenshot aus Pro/MECHANICA)

[177] Eigene Darstellung (Screenshot aus Pro/MECHANICA)

Im Ergebnisfenster sind die ausgewählten Flächen ersichtlich. Wenn die Legende am rechten Bildschirmrand nicht den Vorstellungen oder den Bedürfnissen des Nutzers entspricht, kann diese über „Format/Legenden" auf den jeweiligen Bereich eingestellt werden.

Erst nach diesen Arbeitsschritten können die maximalen bzw. minimalen Spannungswerte der Schweißnähte ermittelt werden. Die Maxima werden von der Legende mit der Farbe Rot gekennzeichnet, die Minima mit der Farbe Blau.

Mit Hilfe des Befehles „Dynamische Abfrage" können die jeweiligen Spannungswerte ausgelesen werden. Auch Markierungen auf gewünschten Stellen, welche den jeweiligen Spannungswert anzeigen, können gesetzt werden (Befehl „Dynamische Abfrage").

Auf der linken oberen Bildschirmhälfte werden Informationen über die eingestellten Bedingungen (z. B. Spannung in XX- Richtung, Oben und Unten von Schale, gewähltes Koordinatensystem, …) dargestellt. Dies ist für die Dokumentation von großer Wichtigkeit, da nur durch diese Informationen die Nachrechnung betrieben werden kann.

Für die Nachrechnung werden die Maxima und Minima von den jeweiligen beiden Flächen (Bleche), welche zusammenstoßen, benötigt. Nachdem Markierungen mit den jeweiligen Spannungswerten gesetzt wurden, wurde ein Screenshot erstellt. Dies trägt zur klaren Struktur bei der Dokumentation, die Schweißnähte betreffend, bei (siehe **Anhang**).

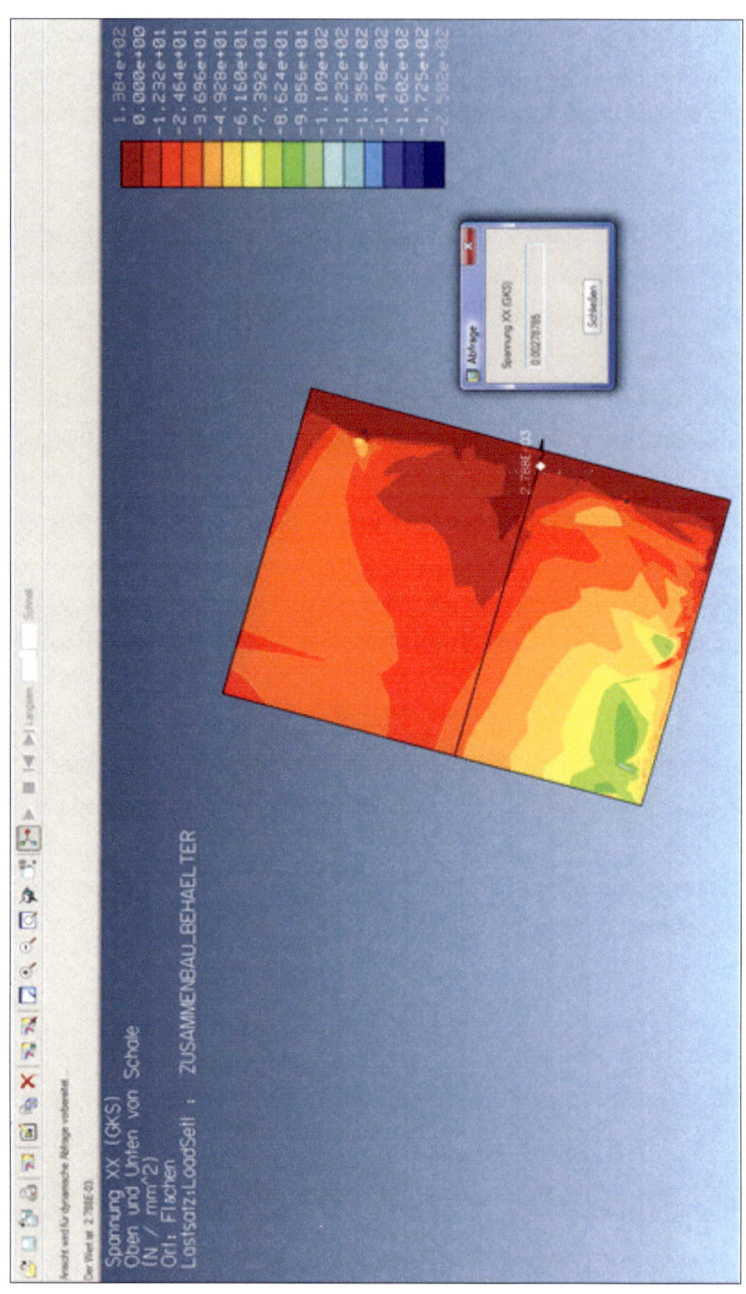

Darstellung 90: Abfrage der Spannungen mittels „Dynamische Abfrage"[178]

---

[178] Eigene Darstellung (Screenshot aus Pro/MECHANICA)

4.11.2.2 Auswertungsteil in Excel

Die erhaltenen Ergebnisse aus dem Pro/MECHANICA- Modul wurden anschließend in ein Microsoft Excel- Datenblatt (siehe **Anhang, Anlage S**) eingetragen. In diesem fand auch die anschließende Nachrechnung der Zulässigkeit der Schweißnahtspannungen statt.

Alle für die Auswertung benötigten Formeln sind ebenfalls im **Anhang, Anlage S** ersichtlich. Die Übersicht inklusive Nummerierung der in **Anlage S** ausgewerteten Schweißnähte ist im **Anhang, Anlage P** ersichtlich. Auch Screenshots, welche die Auswertung der Spannungen in einer Schweißnaht in den zugehörigen Achsrichtungen darstellen, sind im **Anhang, Anlagen Q** (laut Norm zulässige Schweißnähte) **und R** (laut Norm unzulässige Schweißnähte) angeführt.
Auf unzulässige, zu hohe Spannungen wird explizit in der Conclusio eingegangen.

4.12 Untersuchung des Einflusses der Verformung des LKW- Rahmens auf die Spannungen im Container

In diesem Kapitel wird untersucht, wie sich der Behälterboden real verformt. Der Behälterboden verformt sich, da auf den LKW- Rahmen während des Betriebes Kräfte einwirken, die wiederum den Behälterboden verformen. Durch diese Rahmenkräfte ändern sich auch die Spannungen im Behälterboden.
Ziel ist es nun jene Rahmenkräfte zu errechnen.

Die grundsätzliche Überlegung ist es, dass die Auflager des Behälterbodens (siehe **Kapitel 4.6.1**) durch Kräfte ersetzt werden. Dadurch ist gewährleistet, dass sich der Behälterboden auch an den vormals Auflagerflächen verformt. Die Auflagerflächen befanden sich jeweils an den Flächen (Stahlblechen), wo der Behälter auf Gummipuffern aufliegt. Die entstehenden Verformungen beeinflussen die Spannungen im Behälter.

Der Verformung des LKW- Rahmens durch Verwindungen, die durch den Betrieb herrühren, wird in diesem Werk nicht näher untersucht, um den Rahmen nicht zu sprengen.

4.12.1 Ermittlung der Ersatzkräfte für die Auflager

Die Kräfte, die an den Auflagerflächen wirken, werden mittels Pro/MECHANICA ermittelt. Dazu werden an den Auflagerflächen Messgrößen eingefügt. Diese dienen dazu, die Kräfte, die normal auf den Behälterboden wirken, zu ermitteln (Auflagerkräfte).

Nachdem die Messgrößen definiert sind, kann ein neuerlicher Rechenlauf durchgeführt werden. In der nachfolgenden Ergebnisliste sind die Kräfte der vorderen, mittleren und hinteren Messgröße ersichtlich.

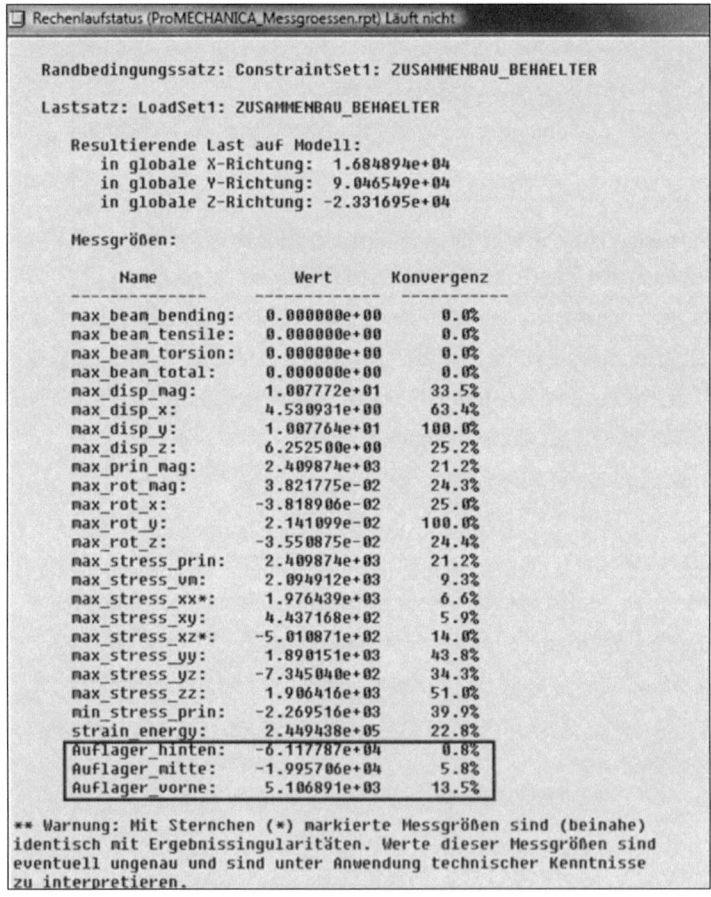

Darstellung 91: Ergebnisliste Messgrößen[179]

---

[179] Eigene Darstellung (bearbeiteter Screenshot aus Pro/MECHANICA)

Es sind in der **Darstellung 91** die Werte für die Auflagerkräfte ersichtlich.

Die „Auflagerkraft_hinten" beträgt -6,117787*10^{4}N, die „Auflagerkraft_mitte" 1,995706*10^{4}N und die „Auflagerkraft_vorne" 5,106891*10^{4}N.

4.12.2   Eingabe der Auflagerkräfte

Die im **Kapitel 4.12.1** errechneten Messgrößen werden im Pro/MECHANICA- Modul eingegeben.

Die Kraftangriffsflächen sind jene Bleche, an denen der Behälter auf den Gummipuffern aufliegt.

In den nachfolgenden drei Darstellungen sind die Eingabefenster und die gewählten Angriffsflächen erkennbar. Die Referenzflächen sind rot umrandet.

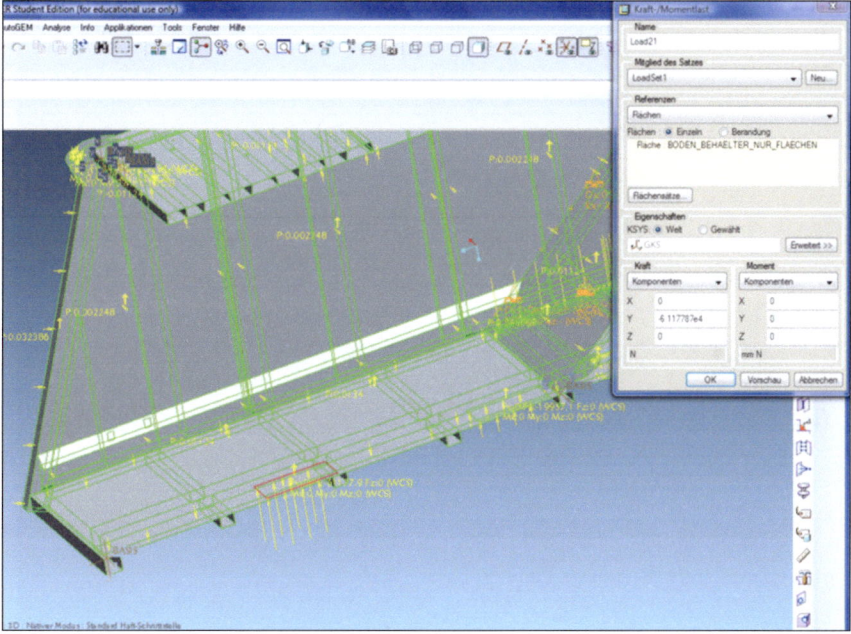

Darstellung 92: Eingabe hintere Messgröße[180]

---

[180] Eigene Darstellung (Screenshot aus Pro/MECHANICA)

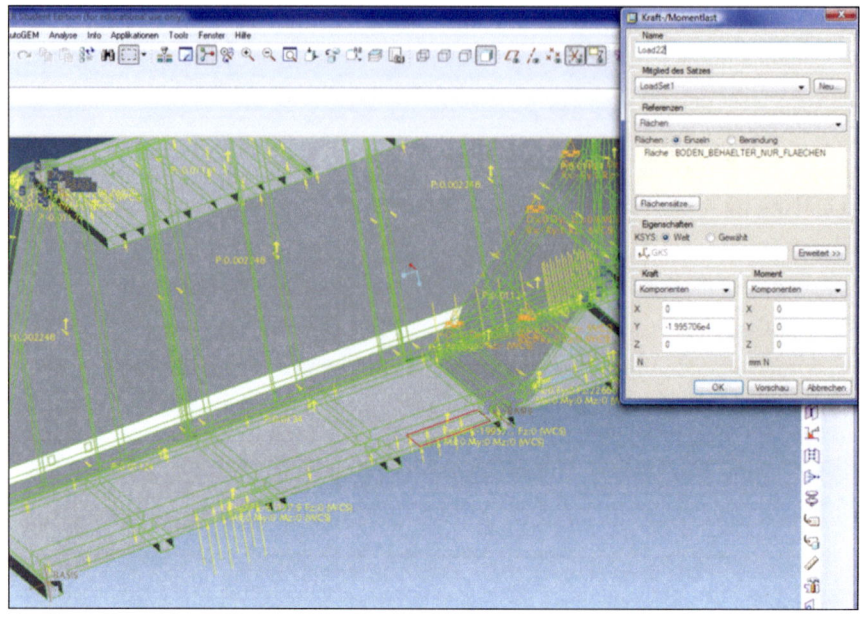

Darstellung 93: Eingabe mittlere Messgröße[181]

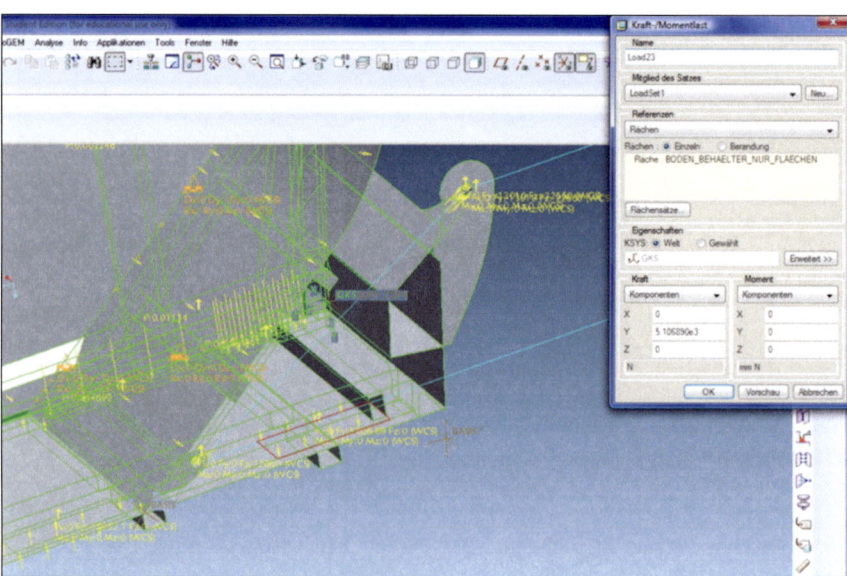

Darstellung 94: Eingabe vordere Messgröße[182]

---

[181] Eigene Darstellung (Screenshot aus Pro/MECHANICA)
[182] Eigene Darstellung (Screenshot aus Pro/MECHANICA)

4.12.3 Auflagerpunkte am Behälterrahmen

Da die Auflager im vorigen Kapitel durch Kräfte ersetzt wurden, Pro/MECHANICA jedoch Randbedingungen zum Berechnen des Modells benötigt, müssen neue Auflager definiert werden. Da am Behälterboden grundsätzlich nur ein Festlager und ein Loslager zur Fixierung des Modells notwendig sind, wird das vormals definierte mittige Auflager nicht mehr benötigt.

Um volle Verformungsfreiheit der Stahlbleche, an denen der Behälter auf den Gummipuffern aufliegt, zu gewährleisten, dürfen keine Referenzflächen, sondern nur Referenzpunkte für die Lagerung gewählt werden. Die Punkte werden mit Hilfe des „Flächenbereich erzeugen"- Tools jeweils in der Mitte des vorderen und hinteren Auflagebleches definiert. Durch diese Punkterzeugungsmethode ist gewährleistet, dass die Punkte auch wirklich direkt auf den Schalen liegen.

Folglich müssen noch die im **Kapitel 4.6.1** beschriebenen Fest- und Loslager (vorderes und hinteres Auflager) am Behälterrahmen auf diese Punkte referenziert werden. Die Verschiebungs- und Rotationsbedingungen bleiben unverändert.

Auf **Darstellung 95** erkennt man das Loslager, auf der **Darstellung 96** das Festlager mit den jeweils gewählten Punkt als Referenz (rot dargestellt).

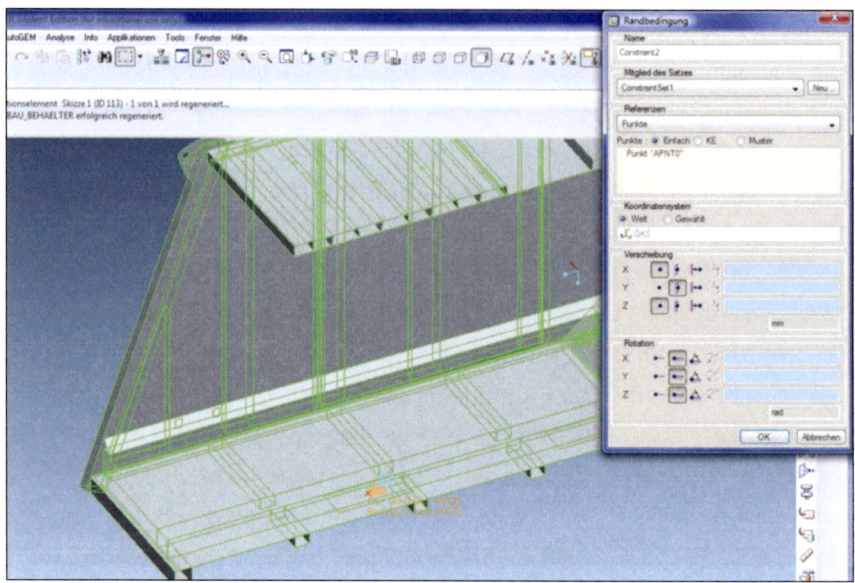

Darstellung 95: Loslager am Behälterrahmen mit Referenzpunkt[183]

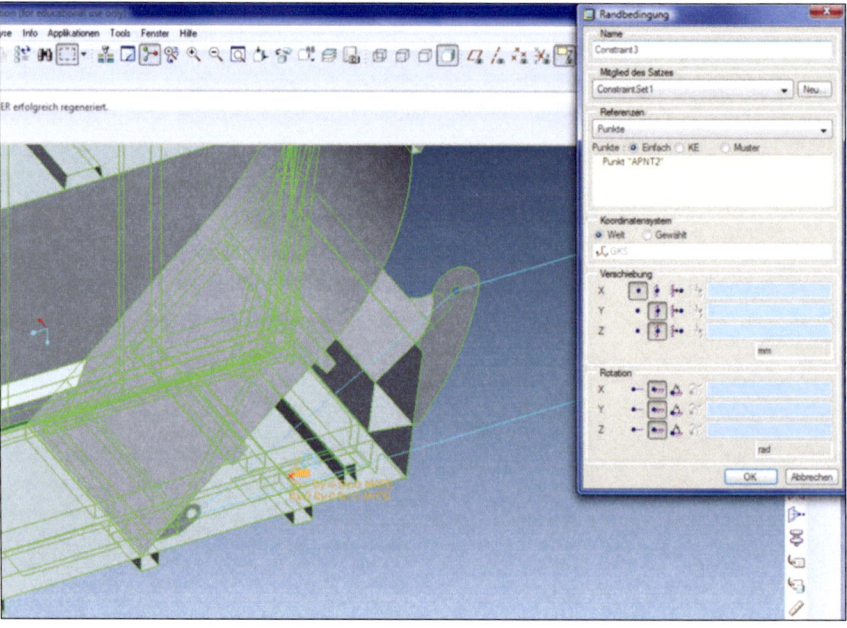

Darstellung 96: Festlager am Behälterrahmen mit Referenzpunkt[184]

---

[183] Eigene Darstellung (Screenshot aus Pro/MECHANICA)

[184] Eigene Darstellung (Screenshot aus Pro/MECHANICA)

4.12.4 Dritter Rechenlauf

Der dritte Rechenlauf der statischen Analyse wird dazu gestartet, um eine grafische Darstellung von Spannungen und Verformungen des Behälterbodens zu erhalten.

Um ein korrektes Ergebnis zu erhalten, müssen die resultierenden Kräfte in den beiden Auflagerpunkten Null ergeben. Nach dem ersten Rechenlauf war dies nicht der Fall, daher müssen die Auflagerkräfte jener Bleche, wo der Behälter auf Gummipuffern aufliegt, korrigiert werden.

Mittels Punktmessgrößen können die beiden Kräfte ermittelt werden, die noch nach dem ersten Rechenlauf in den beiden Auflagerpunkten wirkten. Die im **Kapitel 4.12.2** eingegebenen Auflagerkräfte wurden mit Hilfe dieser errechneten Kräfte so korrigiert, damit eine resultierende Kraft von Null wirkt.

Nach diesem Arbeitsschritt sind die Vorbereitungsarbeiten für den neuerlichen Rechenlauf abgeschlossen. Wie auf der **Darstellung 97** ersichtlich, wird eine resultierende Kraft („*Punktmessgroesse_vorne*" und „*Punktmessgroesse_hinten*") von etwa Null erreicht, das heißt, der Rechenlauf war erfolgreich und liefert korrekte Ergebnisse.

Aus der nachfolgenden Ergebnisliste kann man Lasten und Hauptspannungen ablesen.

```
Haupt-MTM und Hauptachsen relativ zu MSP:

              Max. Haupt           Mittl. Haupt            Min. Ha
              3.98105e+06          3.29570e+06            1.09045e+06

GKS X:   9.95695e-01            -9.25964e-02            4.20845e-03
GKS Y:   9.21742e-02             9.93904e-01            6.04828e-02
GKS Z:  -9.78329e-03            -5.98345e-02            9.98160e-01

Randbedingungssatz: ConstraintSet1: ZUSAMMENBAU_BEHAELTER

Lastsatz: LoadSet1: ZUSAMMENBAU_BEHAELTER

    Resultierende Last auf Modell:
        in globale X-Richtung:  1.684894e+04
        in globale Y-Richtung: -3.436174e+03
        in globale Z-Richtung: -4.967639e+03

    Messgrößen:

            Name                    Wert            Konvergenz
            ----------              --------------  -----------
            max_beam_bending:       0.000000e+00     0.0%
            max_beam_tensile:       0.000000e+00     0.0%
            max_beam_torsion:       0.000000e+00     0.0%
            max_beam_total:         0.000000e+00     0.0%
            max_disp_mag:           1.340598e+01    30.6%
            max_disp_x:             1.250788e+00   100.0%
            max_disp_y:             1.340474e+01    31.6%
            max_disp_z:             7.681655e+00    32.5%
            max_prin_mag*:          7.452709e+03    45.9%
            max_rot_mag:            5.609100e-02    64.2%
            max_rot_x:              4.867402e-02    66.2%
            max_rot_y:              2.037267e-02    35.7%
            max_rot_z:              3.563981e-02    44.4%
            max_stress_prin*:       7.452709e+03    45.9%
            max_stress_vm*:         7.380379e+03    46.0%
            max_stress_xx*:         7.230344e+03    44.4%
            max_stress_xy:          1.525013e+03    12.8%
            max_stress_xz:          1.535212e+03    17.6%
            max_stress_yy:         -4.391643e+03    41.8%
            max_stress_yz*:        -6.412012e+02    43.0%
            max_stress_zz:         -4.247117e+03    44.4%
            min_stress_prin:       -5.075057e+03    49.6%
            strain_energy:          6.045540e-05    23.0%
            Punktmessgroesse_hinten*: -1.901235e-28   0.0%
            Punktmessgroesse_vorne*:   1.928481e-27   0.0%
```

Darstellung 97: Festlager am Behälterrahmen mit Referenzpunkt[185]

---

[185] Eigene Darstellung (bearbeiteter Screenshot aus Pro/MECHANICA)

4.12.5 Grafische Darstellung der Ergebnisse des dritten Rechenlaufes

Die grafischen Darstellungen der Analysenergebnisse des Behälterbodens sind im **Anhang** dargestellt.

Am Spannungsplot sind um die Auflagerpunkte Spannungsspitzen (ca. 500N/mm²) erkennbar. Die Ergebnisse erscheinen denkbar und realistisch, da die Spannungen in den Auflageblechen der Gummipuffer nach außen hin abfallen. Die Spannungsspitzen sind so auch nicht in der Realität zu erwarten, da es diese „Auflagerpunkte" real nicht gibt. Um das Modell berechnen zu können, musste jedoch diese Lagerungsannahme getroffen werden.

Die Auflagerpunkte selbst sind jedoch, wie auf **Darstellung 97** erkennbar, spannungsfrei.

Im Gegensatz zum zweiten Rechenlauf ist erkennbar, dass sich der Rahmen des Behälterbodens am Heck des LKWs um etwa 8 bis 10mm verformt. Dies kann so auch durchaus der Realität entsprechen, da am Heckteil durch die Beladeeinrichtung die größten Kräfte auftreten.

Die noch im zweiten Rechenlauf etwas unrealistisch erscheinenden großen Verformungen der Bodenbleche zwischen den Auflagerahmen sind kaum mehr vorhanden.

Um ein aussagekräftigeres Ergebnis zu erhalten, wurden auch noch die Spannungen mit Verformungen des Modells betrachtet. Auch diese grafische Darstellung ist im **Anhang** ersichtlich. Dabei wurden die Verformungen des Modells etwa 35x vergrößert dargestellt, um auf Papier darstellbare Ergebnisse zu erhalten.

Letztendlich liefert uns die Finite Elemente Methode somit realistische Ergebnisse. Die im Betrieb des Abfallsammelfahrzeuges auftretenden Spannungen im Container können nun aus den Spannungsplots abgelesen und für diverse nachfolgende Analysen der Firma M-U-T Maschinen Umwelttechnik Transportanlagen GmbH genutzt werden. Gewichtseinsparungspotentiale durch konstruktive Maßnahmen an Blechen, die wenig belastet werden, können vorgenommen werden.

5 Conclusio

Bei der Verfassung dieses Werkes stand im Vordergrund, dem Leser ein Kennenlernen der Finite Elemente Methode und eine Anleitung für Pro/MECHANICA sowie zur Schweißnahtkalkulation anhand eines realen Praxisbeispiels zu bieten. Die Ergebnisse der Diplomarbeit konnte die Firma Maschinen Umwelttechnik Transportanlagen GmbH nutzen, um einen Überblick über mögliche Gewichtseinsparungsmöglichkeiten zu erhalten.

Die Belastungen des Containers ergeben sich durch das Eigengewicht des transportierten Mülls im Container, den Belastungen beim Befüllen des Containers durch die Hebeeinrichtung und das Presswerk am Heck des Fahrzeuges sowie durch den Pressstempel im vorderen Bereich des Containers. Die Belastungen wurden durch den Hydraulikdruck der Anlage ermittelt.

Für die Berechnung mittels der Finite Elemente Methode war es notwendig, ein Berechnungsmodell zu erstellen. Es wurde ein dreidimensionales Modell mit Schalenelementen erstellt und die Symmetrieeigenschaften des Containers und der Belastungen ausgenutzt.

In der Praxis wird der Anwender bei der Auswertung via Pro/MECHANICA auf Problemstellungen stoßen, die zu Annahmen führen. Im Praxisbeispiel, das in diesem Buch behandelt wird, ist es z. B. die Annahme der Druckausbreitung des Mülls. Da unsere erste Annahme (Druckausbreitung analog Wasser) falsch war, mussten zur weiteren Pro/MECHANICA Berechnung detaillierte Eingaben bezüglich der Müllausbreitung eruiert und definiert werden.

Aus den Ergebnissen von Pro/MECHANICA wurden die Spannungen der Schweißnähte ermittelt und entsprechend ihrer dynamischen Belastungen mit den zulässigen Spannungen verglichen.

Die Schweißspannungsnachrechnung war entgegen ersten Annahmen relativ zeitaufwendig. Durch die Nachrechnung der Schweißnähte kamen wir zum Ergebnis, dass die Schweißnähte im Bereich der Beladeeinrichtung und der von uns gewählte Stellung des Ausstoßschildes im Bereich des Daches, des Bodens und der Seitenwand vereinzelt, nach der Norm DIN 15018, nicht zulässig wären. Dies ist unserem Ansinnen nach jedoch nicht aufgrund fehlerhafter Konstruktion der Firma Maschinen Umwelttechnik Transportanlagen GmbH entstanden, sondern durch den menschlichen und softwareseitigen Faktor bei der Modellierung und Belastung des Containers.

Ein Modellierungsfehler unsererseits war es, dass das heckseitige Seitenwandblech nicht am Rahmen des Behälters aufliegt. Dies hat zur Folge, dass sich das Blech bei der verformten Darstellung des Spannungsplots ausbeult. Da die Korrektur des Fehlers zu viel Zeit in Anspruch genommen hätte, haben wir diesen durchaus vertretbaren Modellierungsfehler in Kauf genommen und die Berechnung mit dem vorhandenen Modell weiter geführt.

Abschließend ist zu sagen, dass dieses Werk als Anleitung und Hilfestellung für Einsteiger in die Finite Elemente Methode zu betrachten ist. Auch die vorgestellte Vorgehensweise der Spannungskalkulation an einem Müllcontainer eines Abfallsammelfahrzeuges kann auf beliebige andere Projekte abgeleitet werden.

6 Literaturverzeichnis

Czichos, H. / Hennecke, M. (2008): Hütte. Das Ingenieurwissen. 33. Aufl., Berlin: Springer-Verlag Berlin Heidelberg

Gawehn, W. (2009): Finite Elemente Methode. FEM-Grundlagen zur Statik und Dynamik. 2. Aufl., Norderstedt: Books on Demand

Muhs, D. u.a. (2003): Roloff / Matek Maschinenelemente. Normung, Berechnung, Gestaltung. 16. Aufl., Wiesbaden: Friedr. Vieweg & Sohn Verlag/GWV Fachverlage GmbH

Vogel, M. / Ebel, T. (2009): Pro/Engineer und Pro/Mechanica. Konstruieren und Berechnen mit Wildfire 4. 5. Aufl., München: Carl Hanser Verlag

Steger, H. / Glauninger, E. / Sieghart, J. (2004): Technische Mechanik 3. Thermodynamik, Festigkeitslehre, Schwingungen. 5. Aufl., Wien: Verlag Hölder-Pichler-Tempsky GmbH

Anhang

Anlage A: Rechenlauf 1, Spannungsplot Gesamtmodell[186]

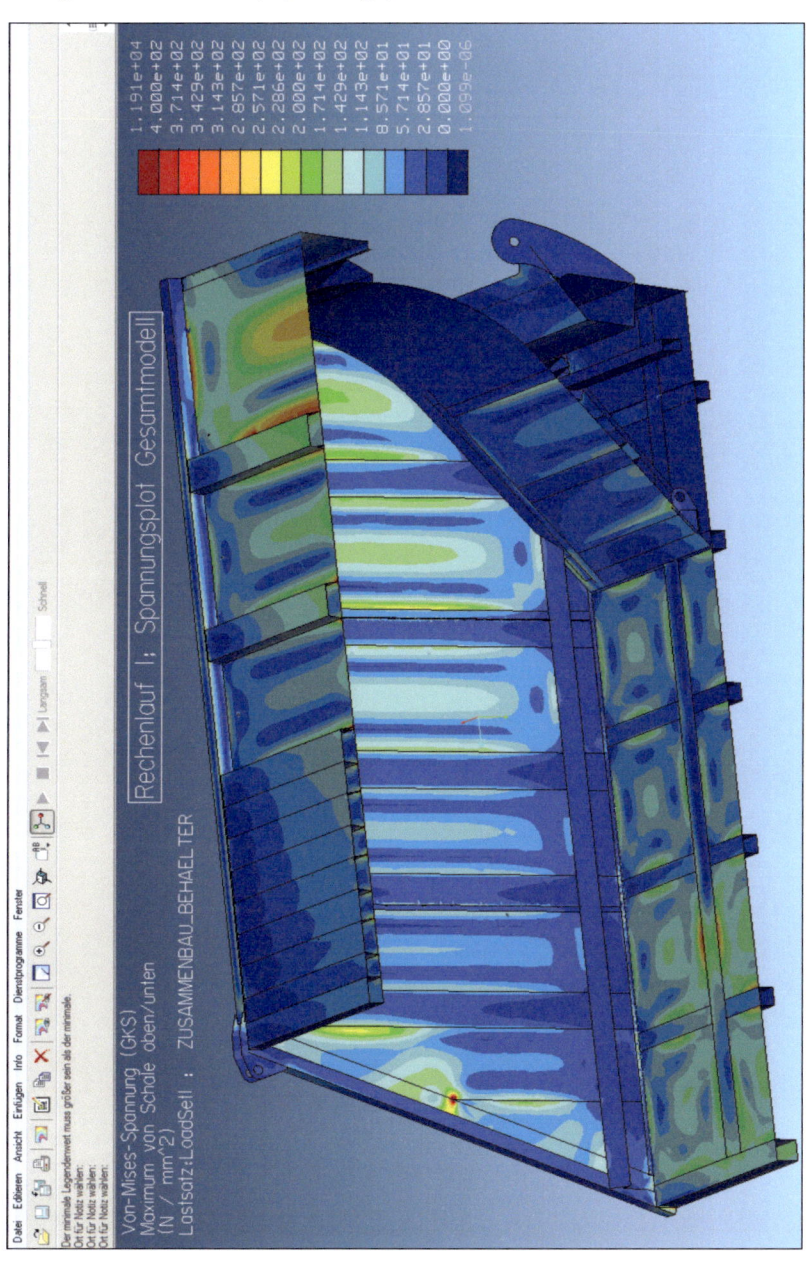

[186] Eigene Darstellung (Screenshot aus Pro/MECHANICA)

Anlage B: Rechenlauf 1, Spannungsplot Gesamtmodell mit Verformung[187]

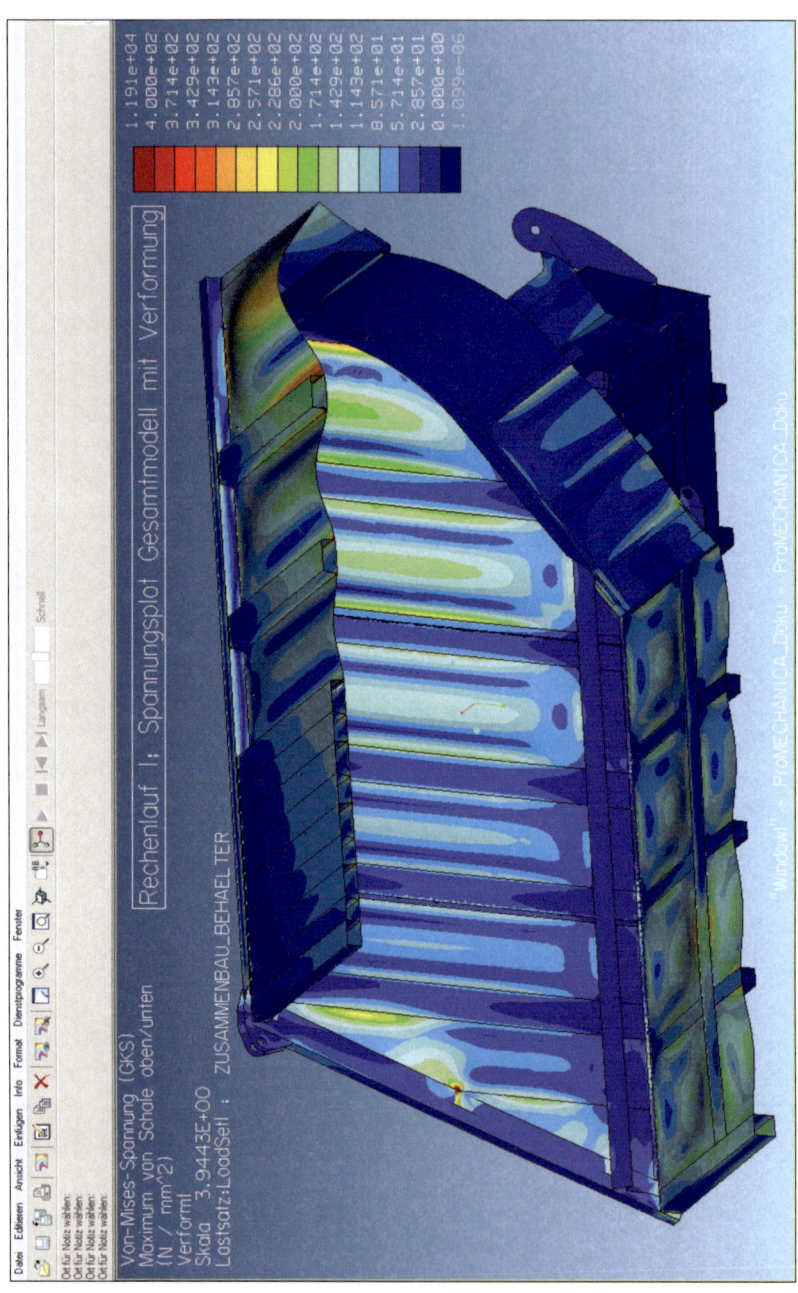

[187] Eigene Darstellung (Screenshot aus Pro/MECHANICA)

Anlage C: Rechenlauf 1, Verschiebung in y- Richtung verformt[188]

---
[188] Eigene Darstellung (Screenshot aus Pro/MECHANICA)

Anlage D: Rechenlauf 1, Verschiebung in y- Richtung[189]

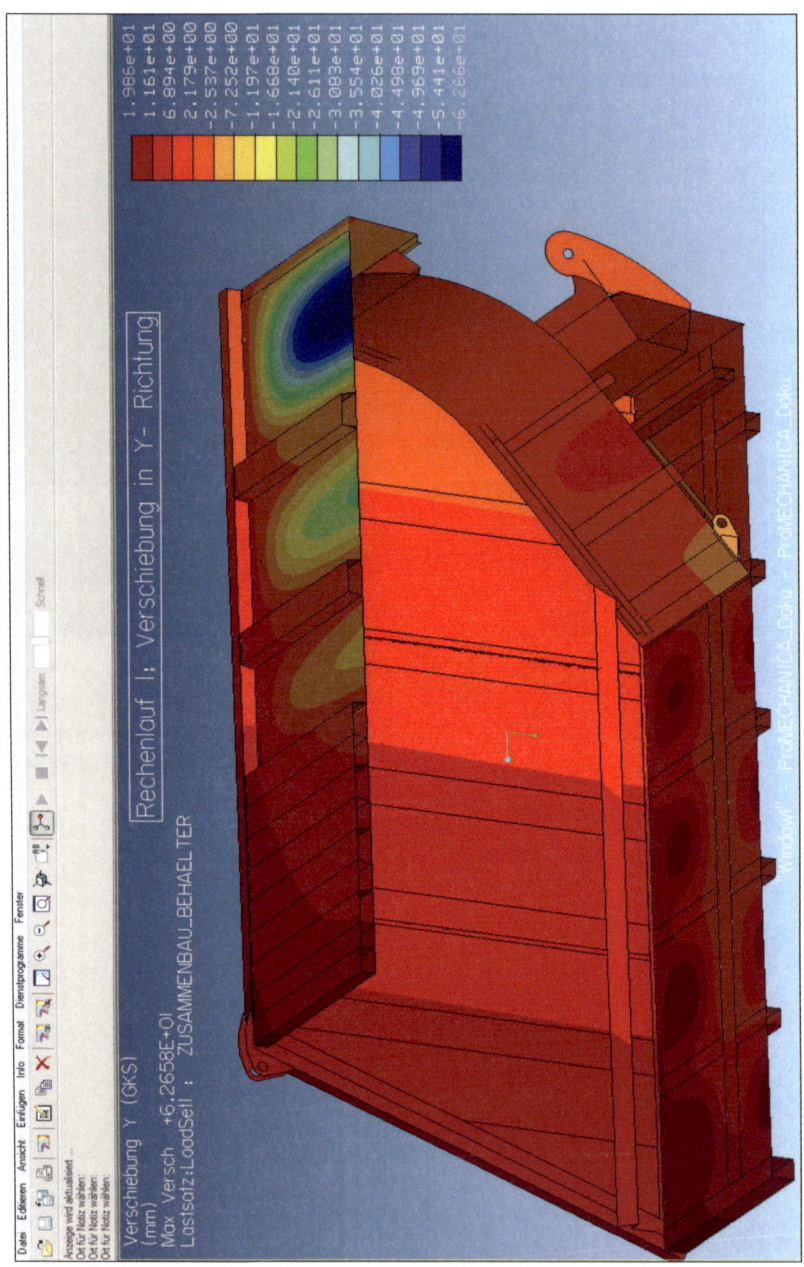

[189] Eigene Darstellung (Screenshot aus Pro/MECHANICA)

Anlage E: Rechenlauf 1, Verschiebung in x- Richtung verformt[190]

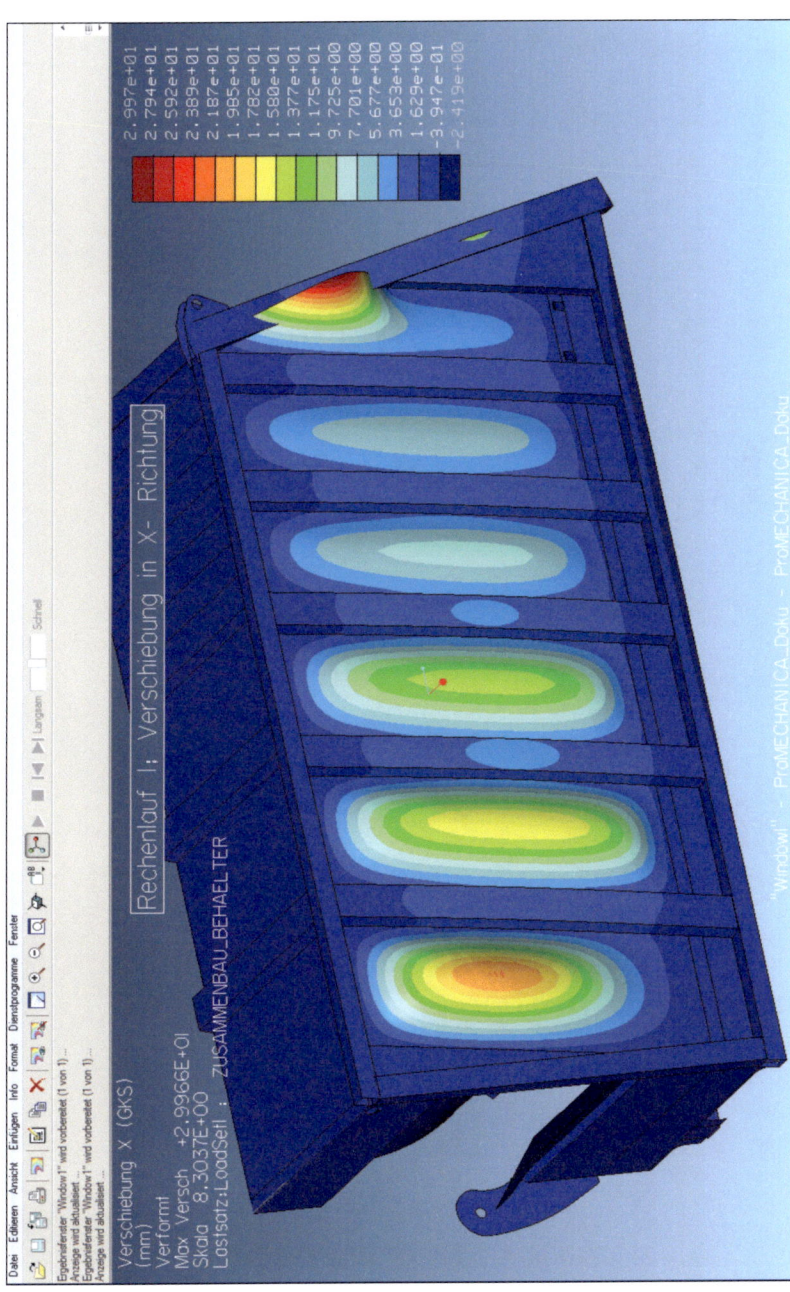

---
[190] Eigene Darstellung (Screenshot aus Pro/MECHANICA)

Anlage F: Rechenlauf 1, Verschiebung in x- Richtung[191]

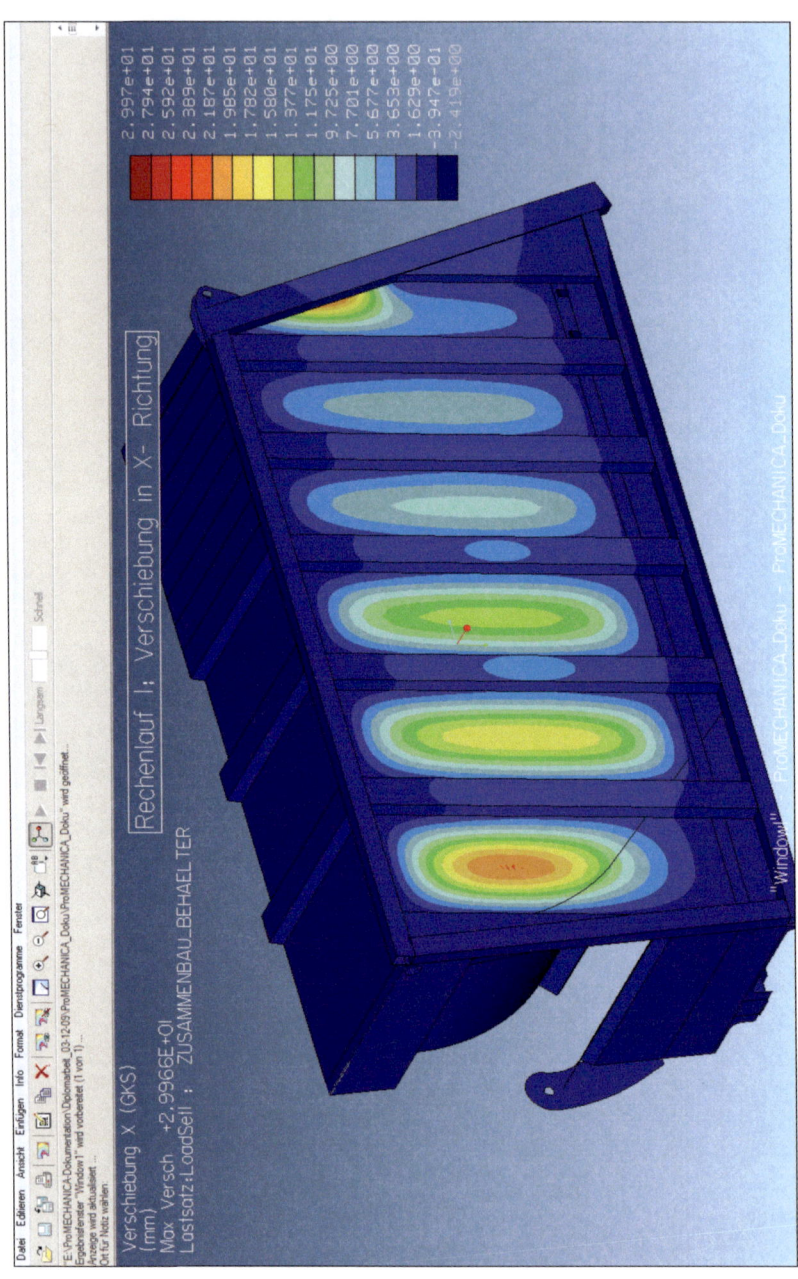

---
[191] Eigene Darstellung (Screenshot aus Pro/MECHANICA)

Anlage G: Rechenlauf 2, Spannungsplot Gesamtmodell[192]

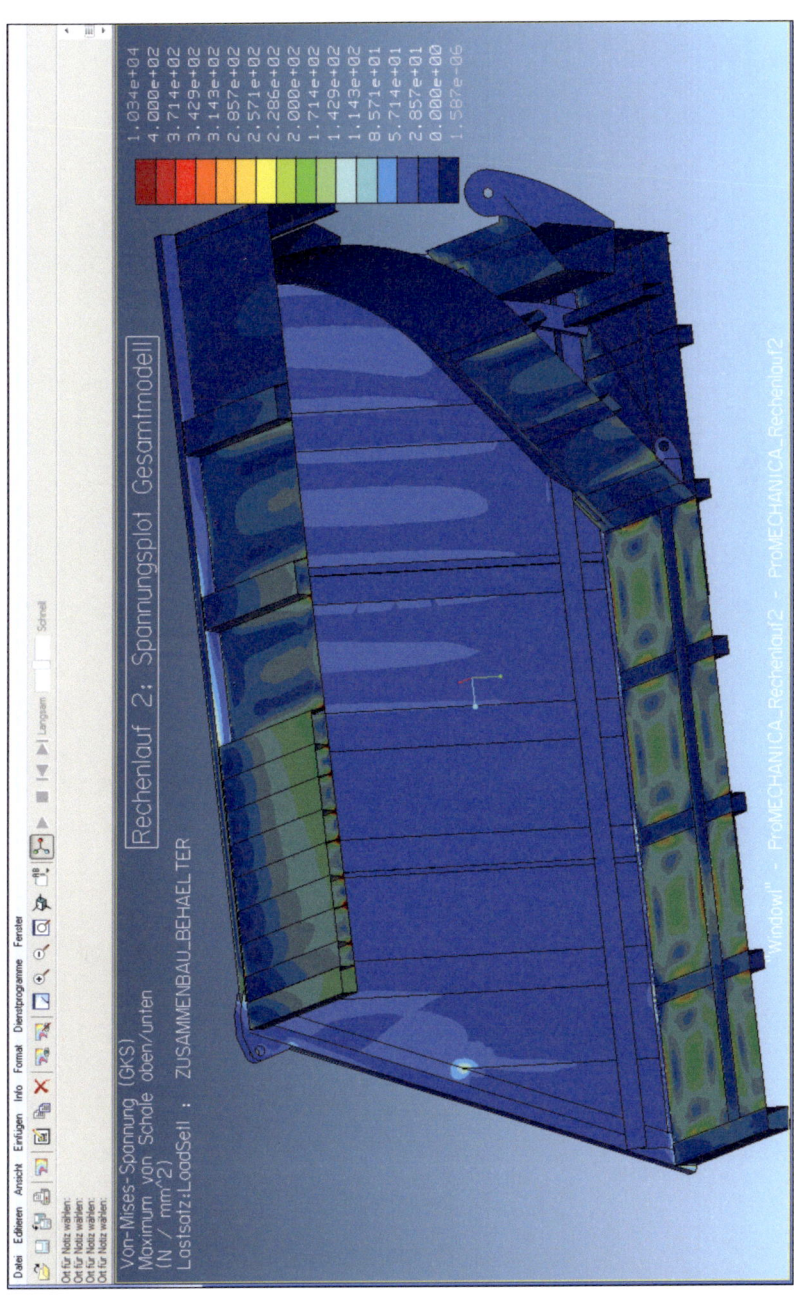

---
[192] Eigene Darstellung (Screenshot aus Pro/MECHANICA)

Anlage H: Rechenlauf 2, Spannungsplot Gesamtmodell mit Verformung[193]

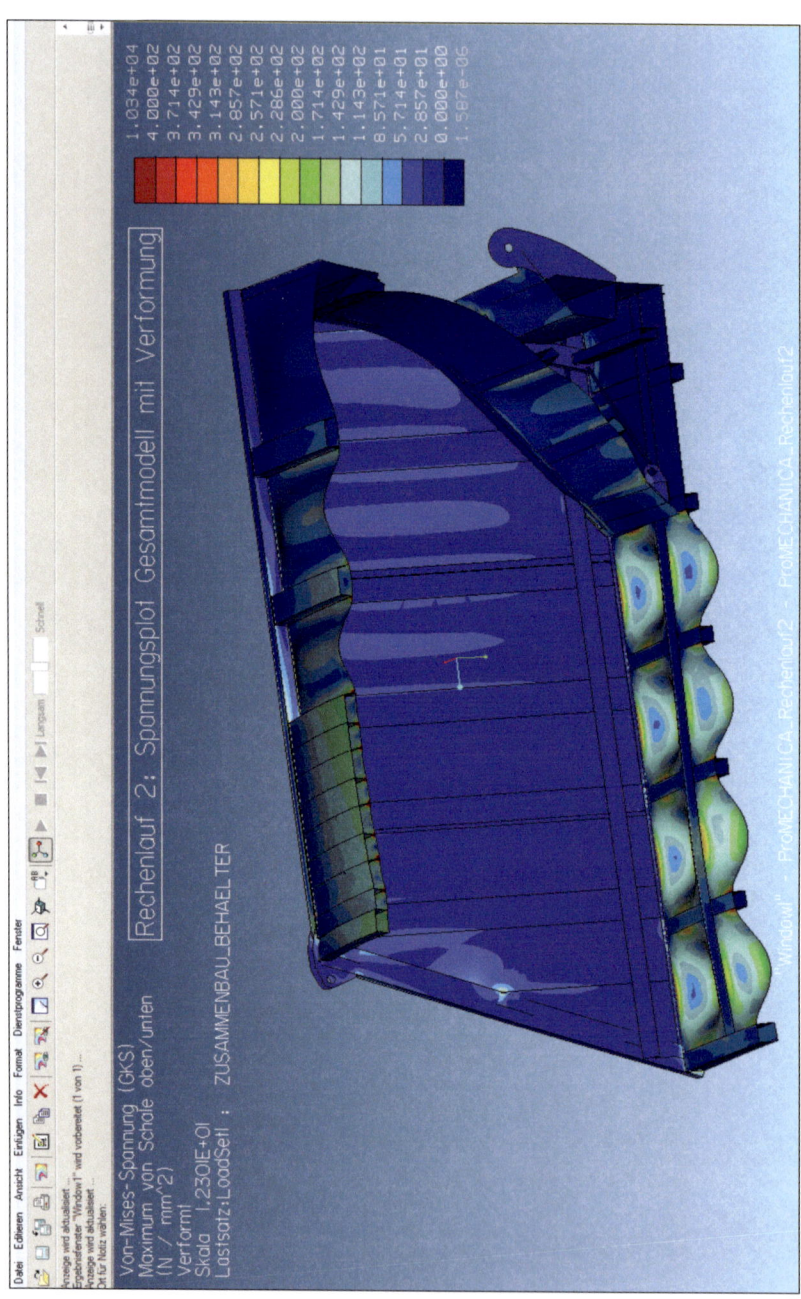

[193] Eigene Darstellung (Screenshot aus Pro/MECHANICA)

Anlage I: Rechenlauf 2, Verschiebung in y- Richtung verformt[194]

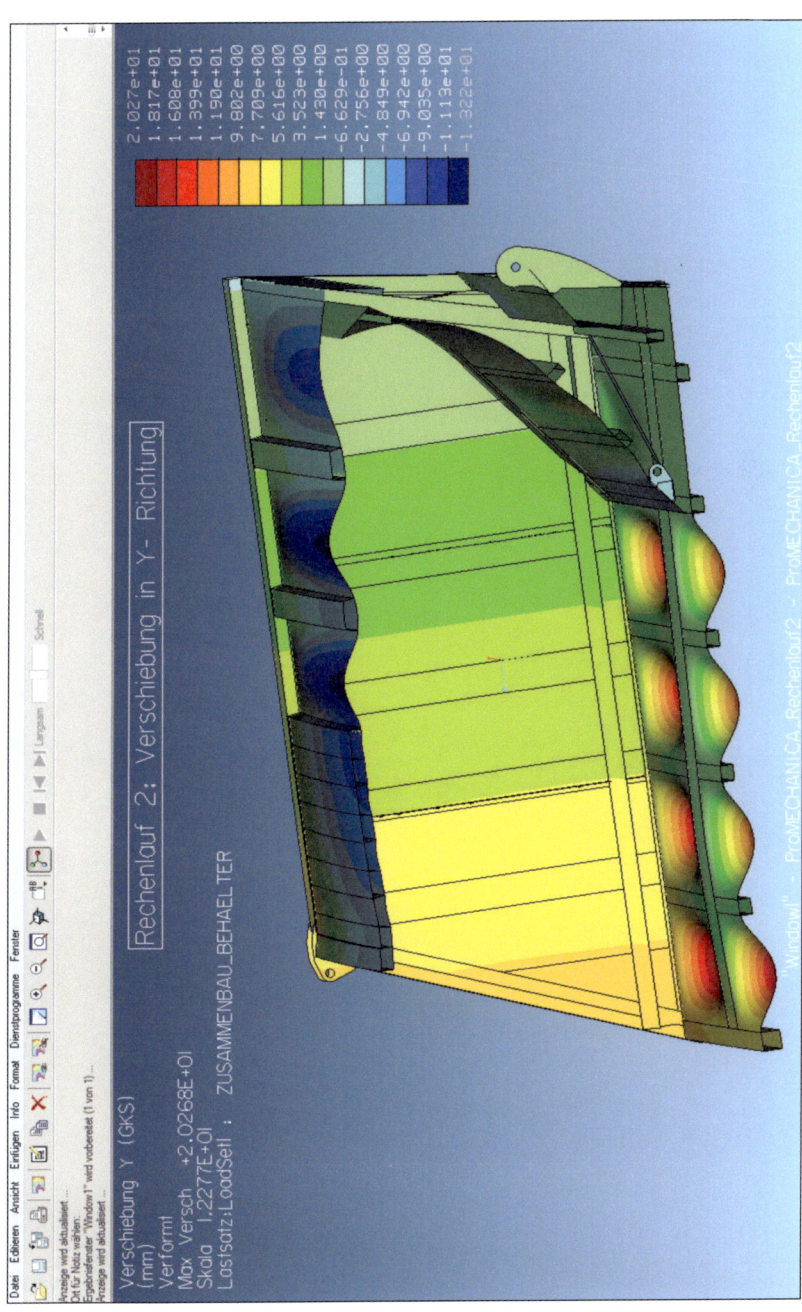

---
[194] Eigene Darstellung (Screenshot aus Pro/MECHANICA)

Anlage J: Rechenlauf 2, Verschiebung in y- Richtung[195]

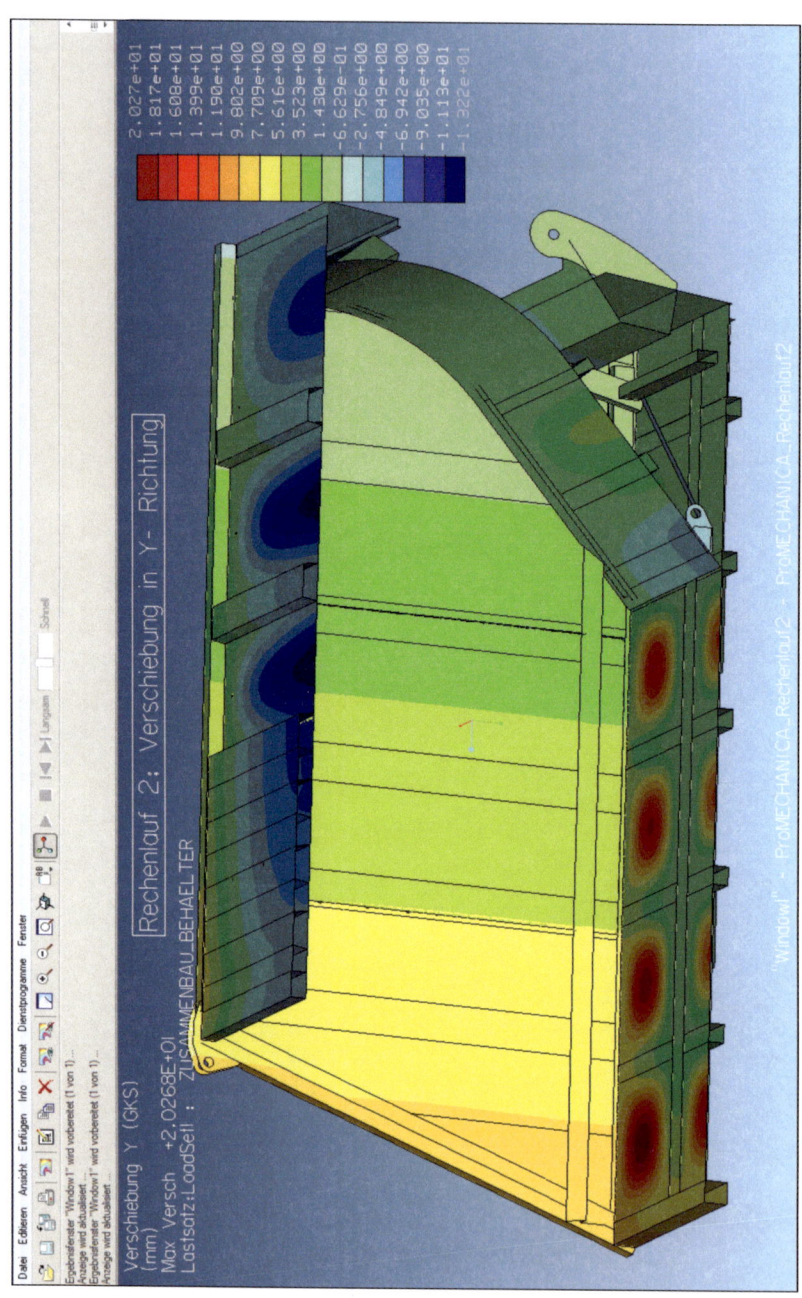

---
[195] Eigene Darstellung (Screenshot aus Pro/MECHANICA)

Anlage K: Rechenlauf 2, Verschiebung in x- Richtung verformt[196]

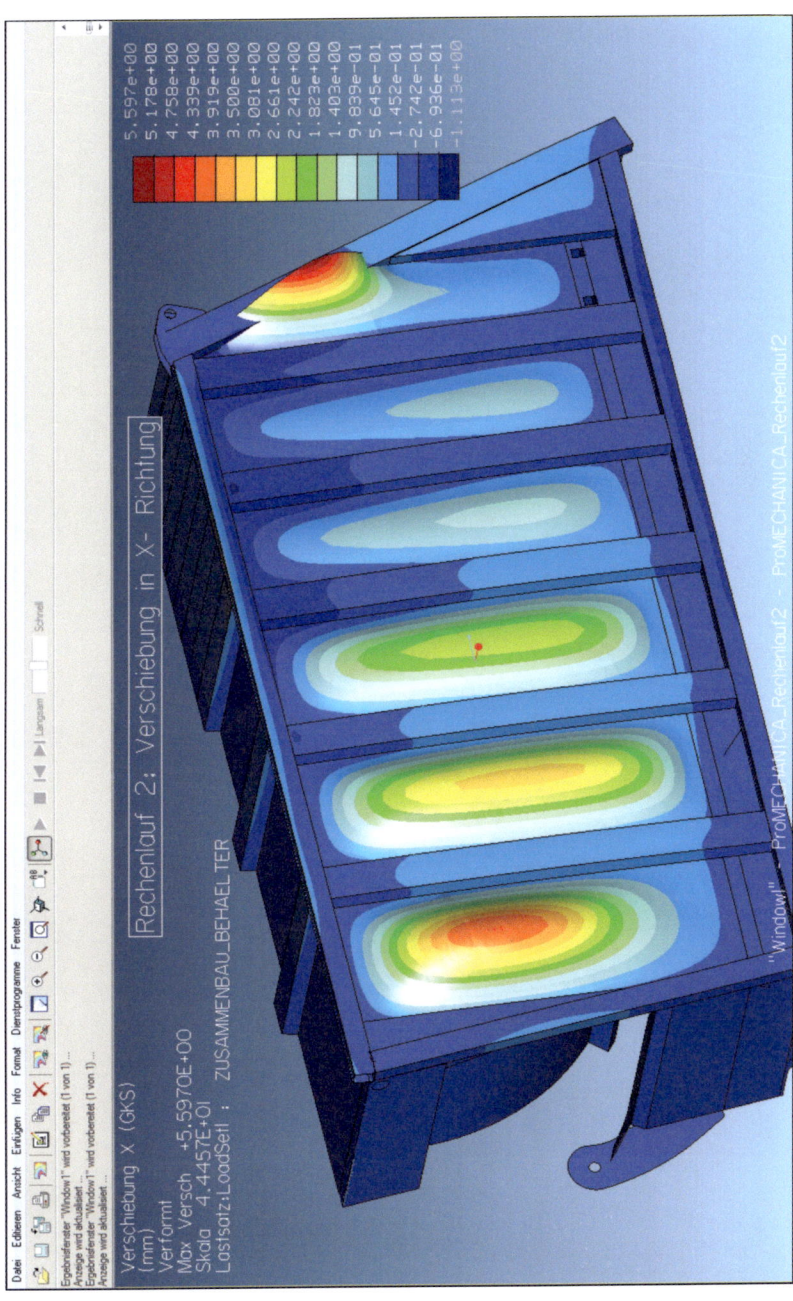

---
[196] Eigene Darstellung (Screenshot aus Pro/MECHANICA)

Anlage L: Rechenlauf 3, Spannungsplot Boden[197]

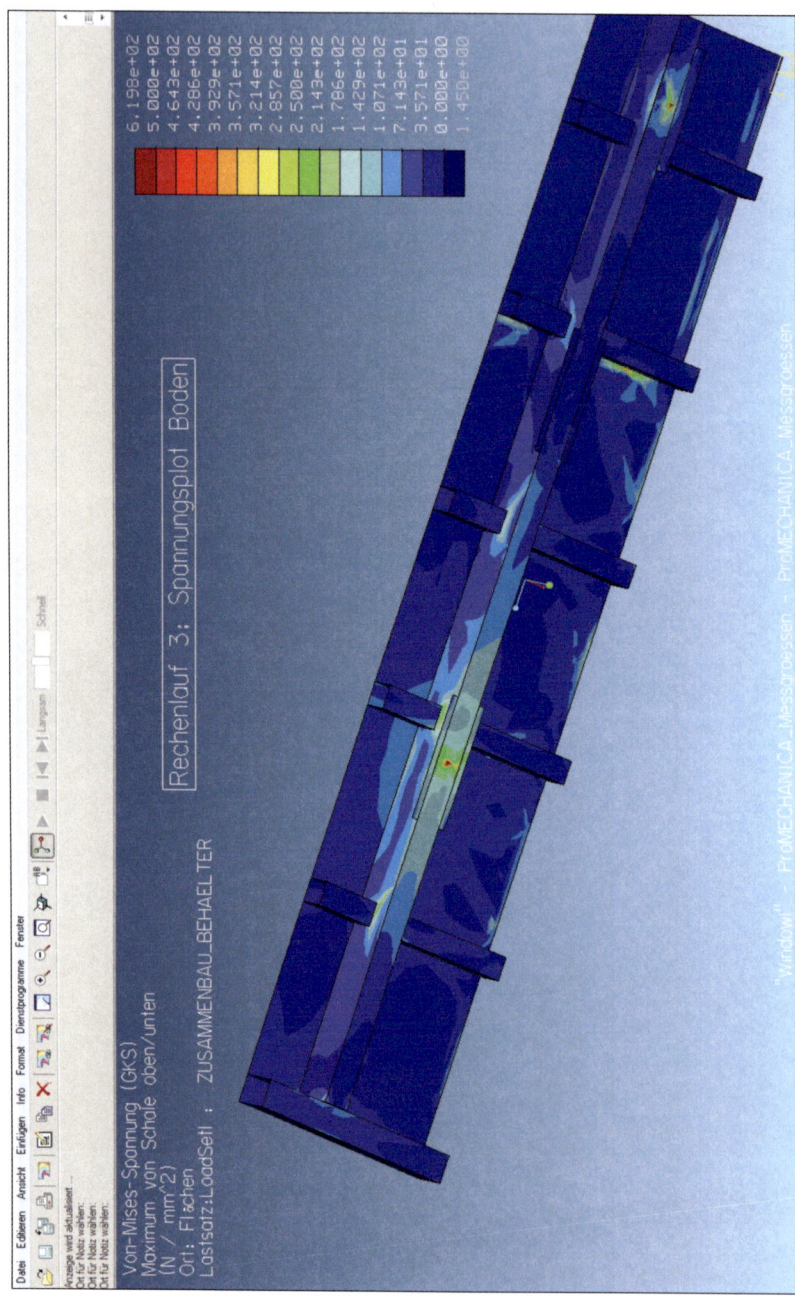

---
[197] Eigene Darstellung (Screenshot aus Pro/MECHANICA)

Anlage M: Rechenlauf 3, Spannungsplot Boden verformt[198]

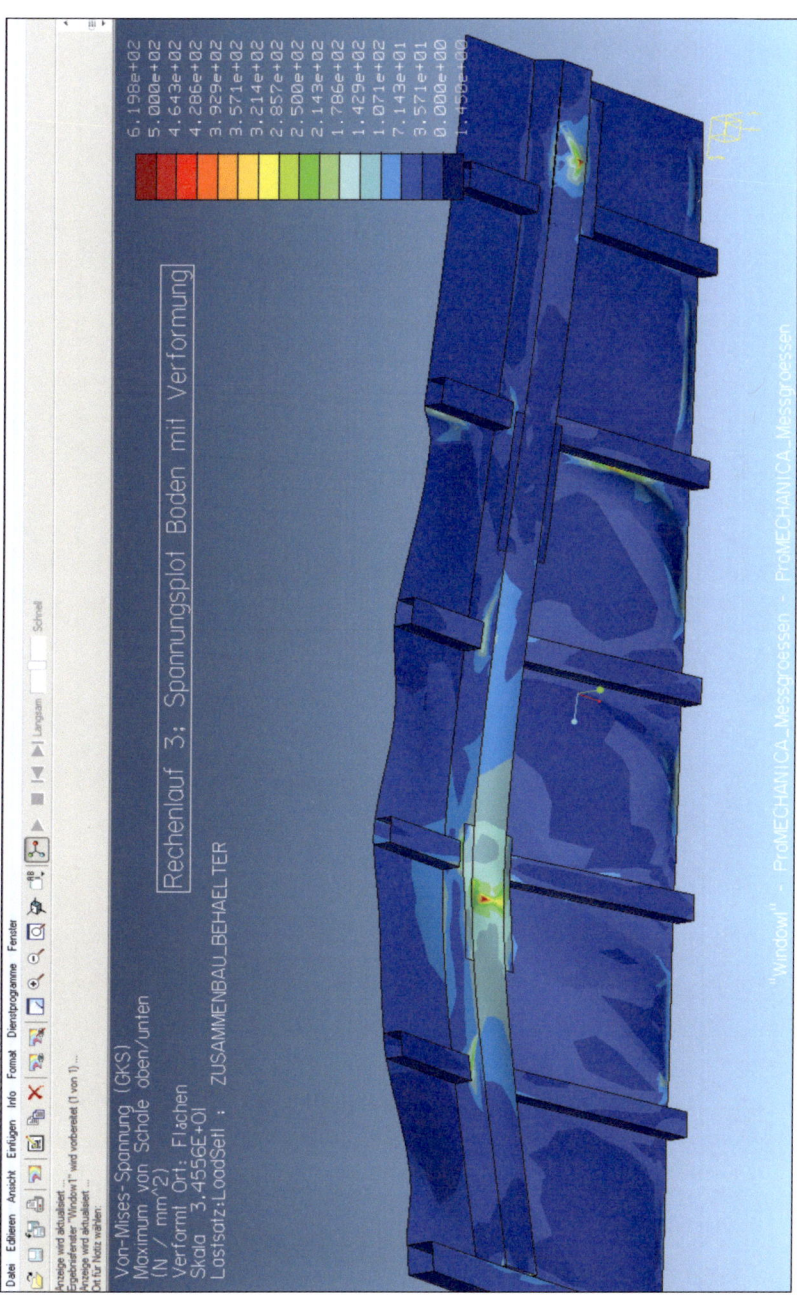

[198] Eigene Darstellung (Screenshot aus Pro/MECHANICA)

Anlage N: Rechenlauf 3, Boden, Verschiebung in y- Richtung verformt[199]

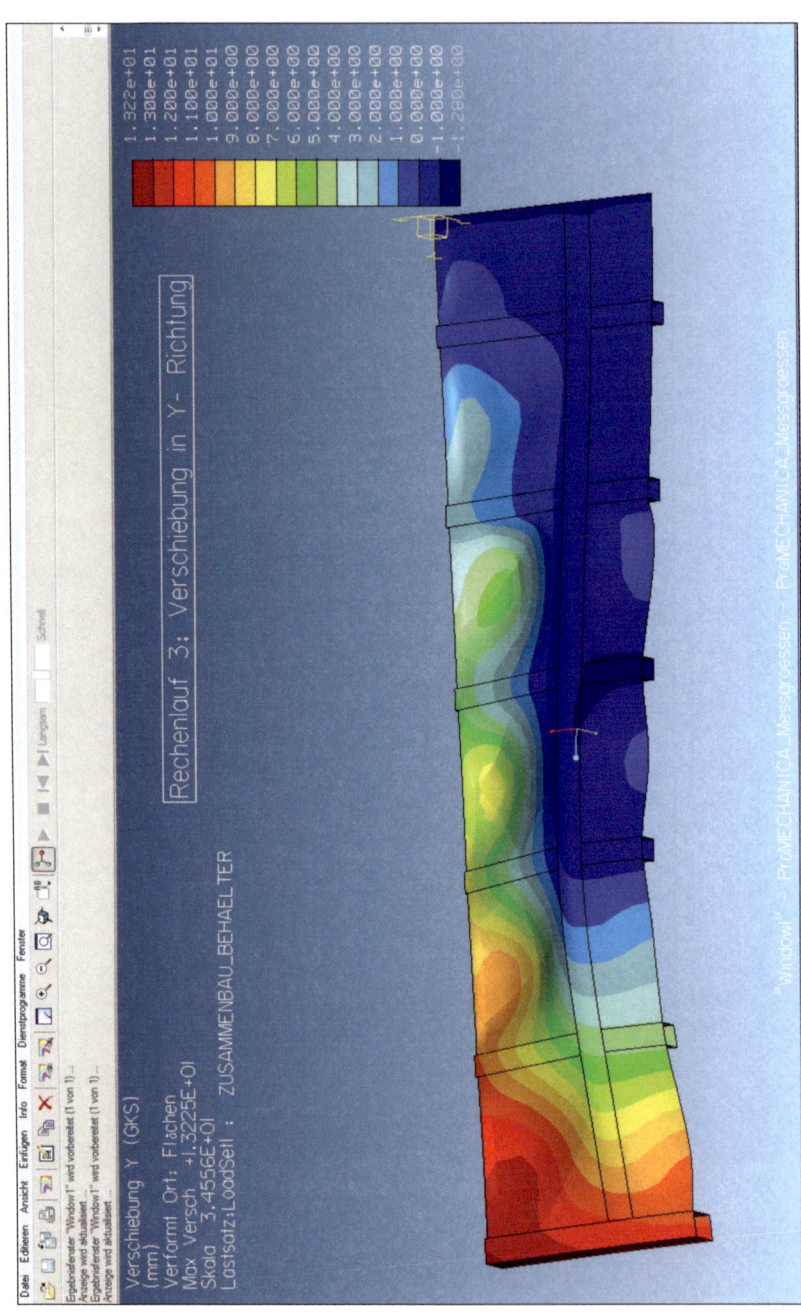

[199] Eigene Darstellung (Screenshot aus Pro/MECHANICA)

Anlage O: Rechenlauf 3, Boden, Verschiebung in y- Richtung[200]

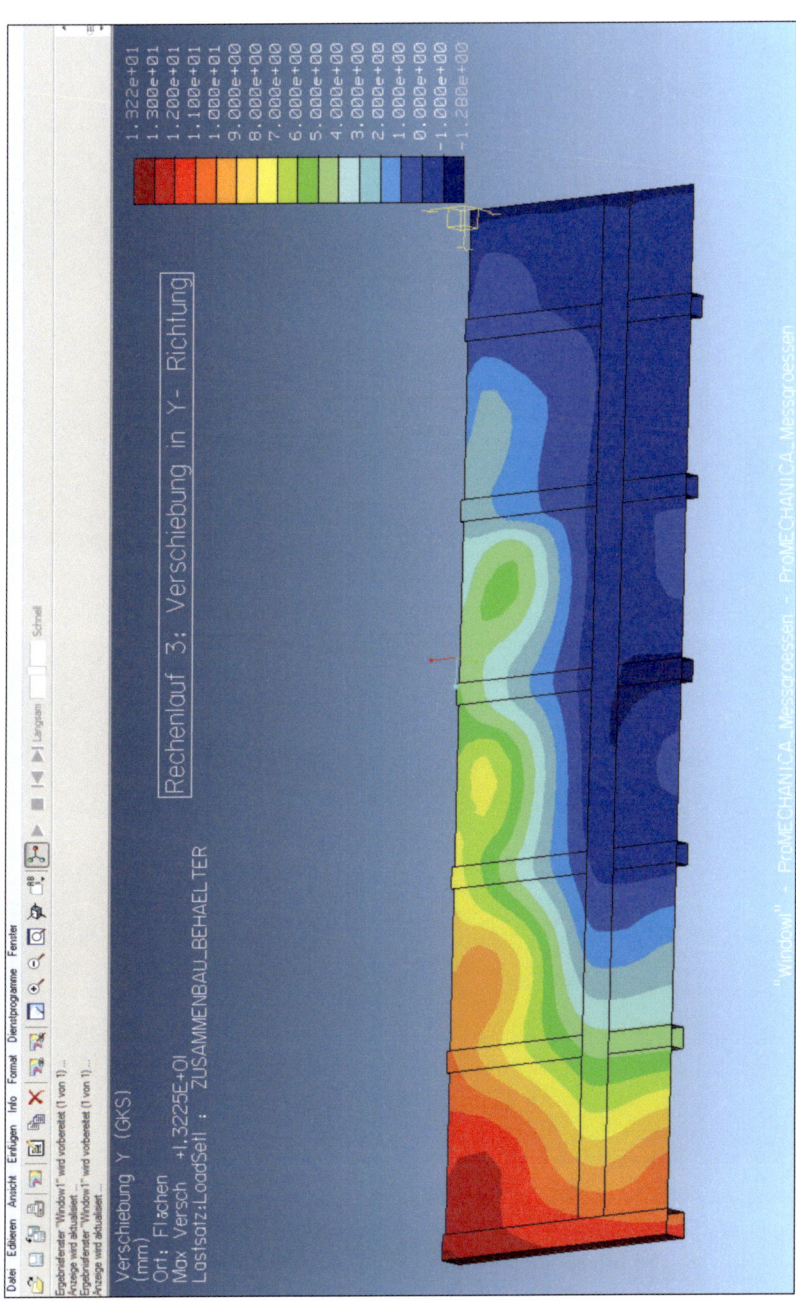

[200] Eigene Darstellung (Screenshot aus Pro/MECHANICA)

Anlage P: Übersicht über Positionen der Schweißnähte[201]

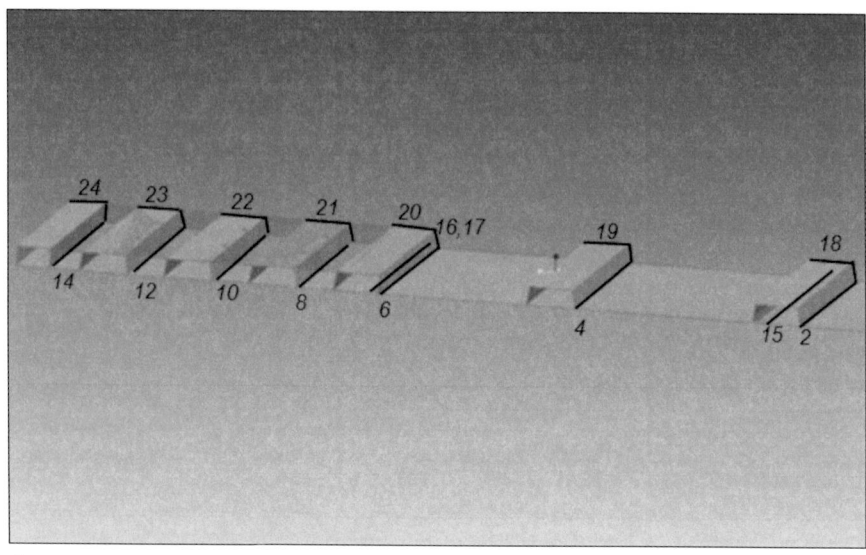

Übersicht 1 Dach

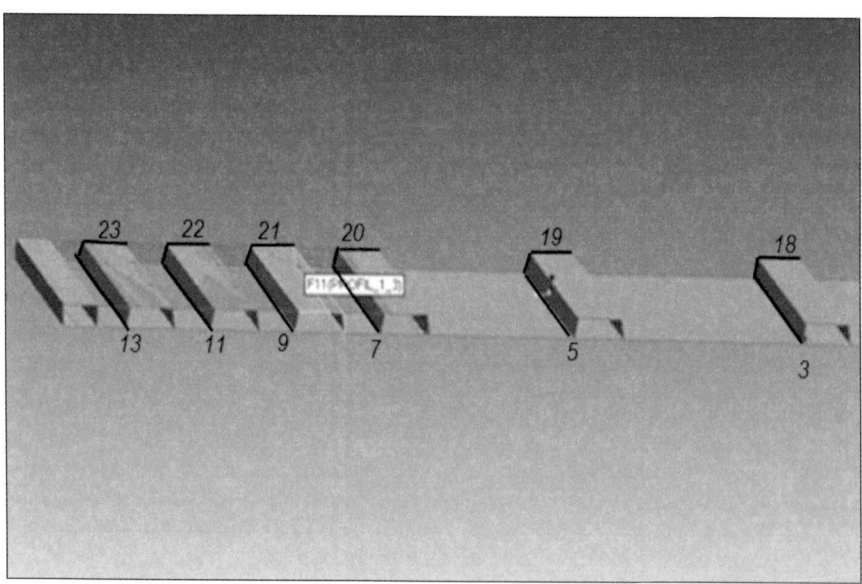

Übersicht 2 Dach

---

[201] Eigene Darstellungen (bearbeitete Screenshots aus Pro/ENGINEER)

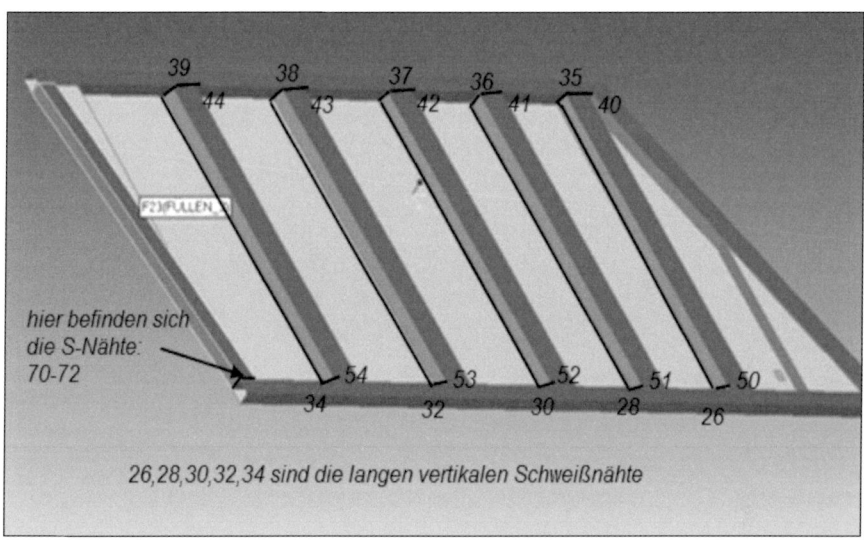

Übersicht 1 Seitenwand

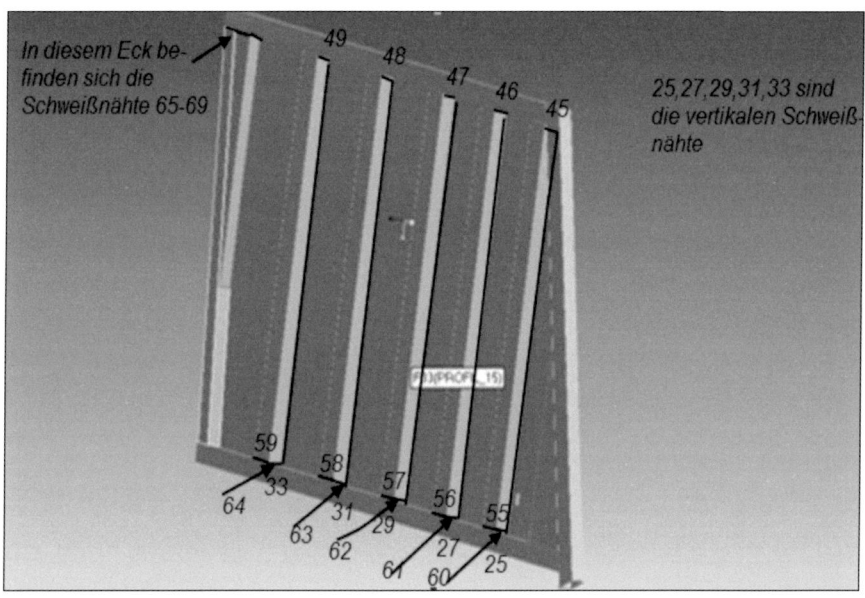

Übersicht 2 Seitenwand

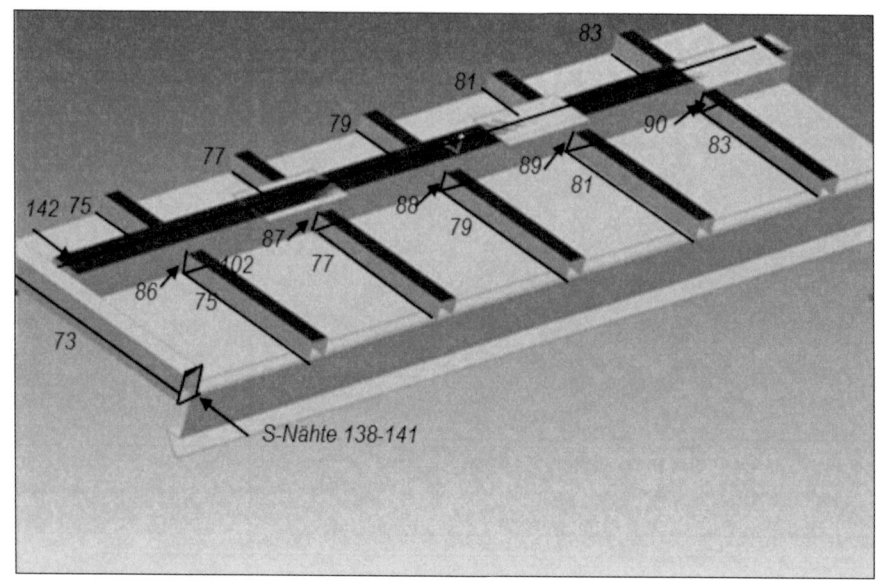

Übersicht 1 Boden

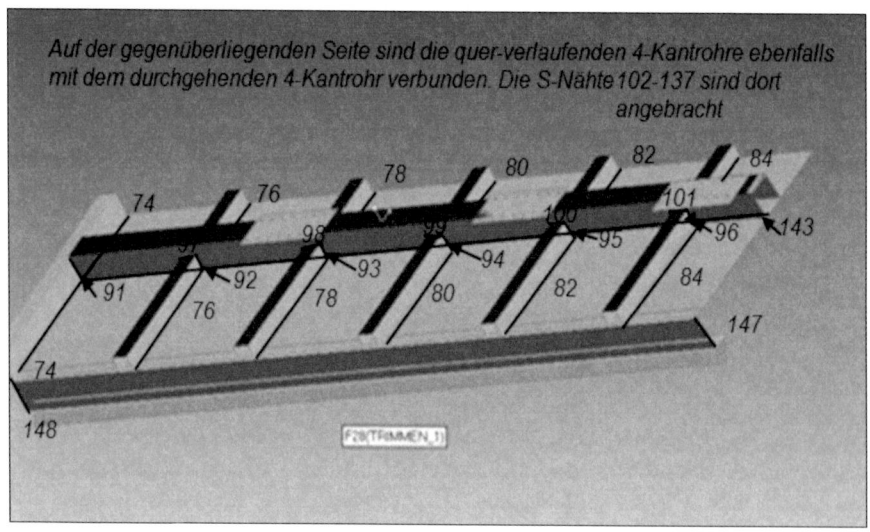

Übersicht 2 Boden

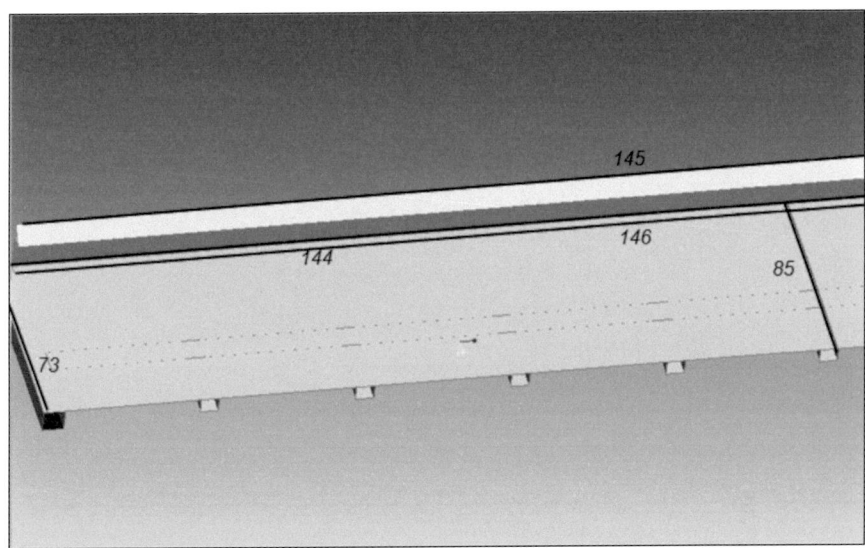

Übersicht 3 Boden

Anlage Q: Schweißnahtdarstellungen für die Auswertung, Beispiel für eine zulässig berechnete Schweißnaht (Positionsnummer 29, 30)[202]

---
[202] Eigene Darstellungen (Screenshots aus Pro/MECHANICA)

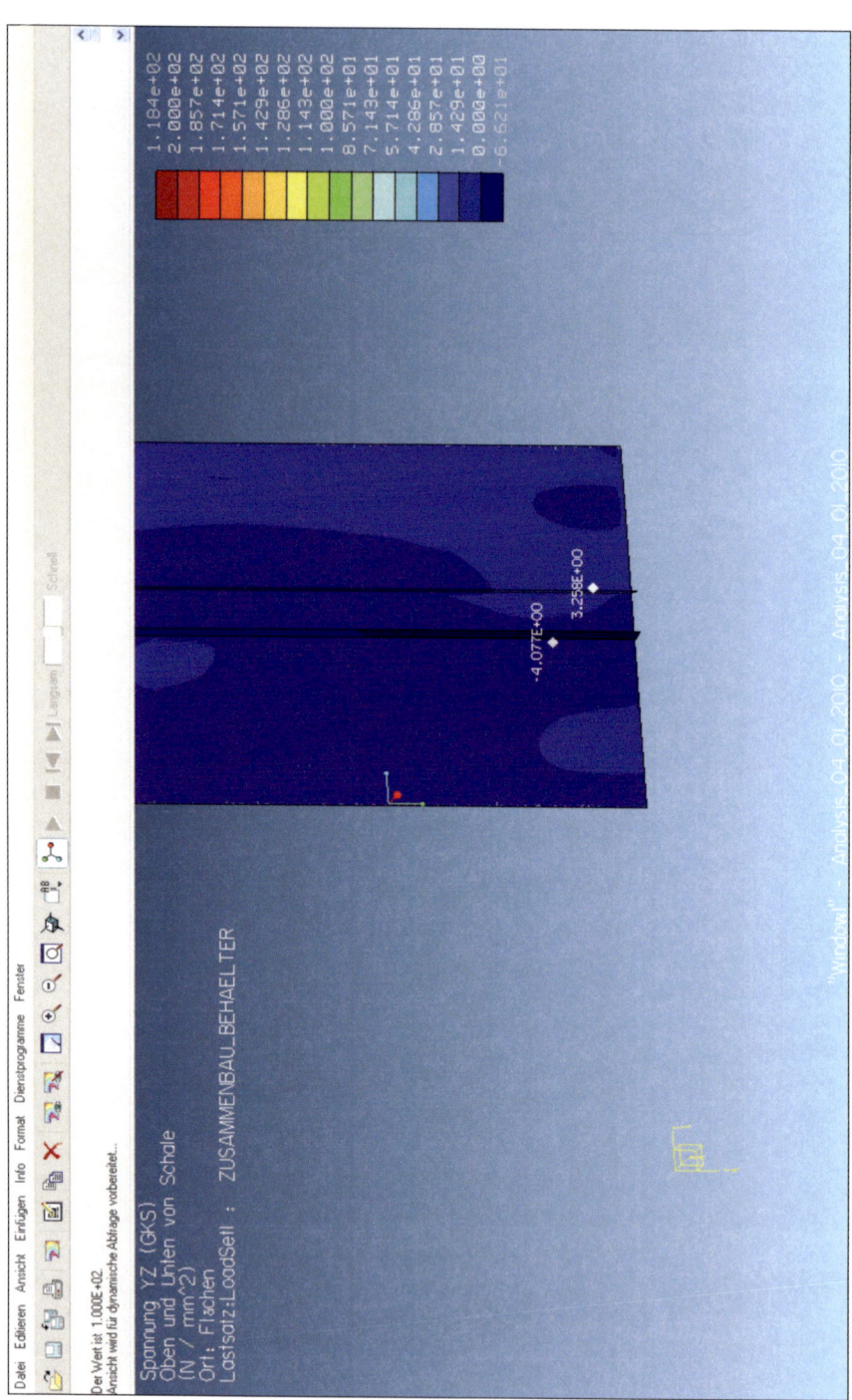

Anlage R: Schweißnahtdarstellungen für die Auswertung, Beispiel für eine unzulässig berechnete Schweißnaht (Positionsnummer 31, 32)[203]

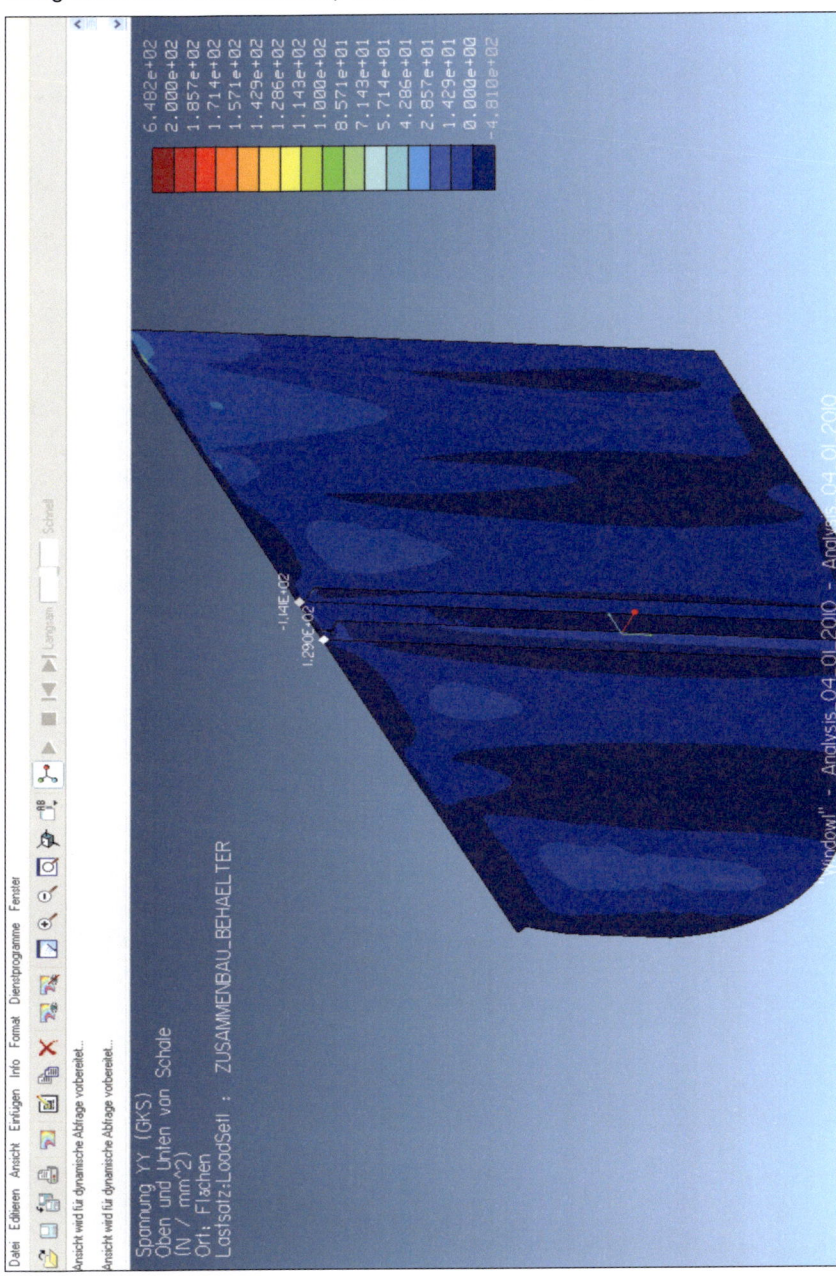

---
[203] Eigene Darstellungen (Screenshots aus Pro/MECHANICA)

Anlage S: Schweißnahtauswertung[204]

Die nachfolgende Berechnung wurde gemäß Berechnungsformel (siehe Seite 165) durchgeführt. Gelb markierte Werte stellen unzulässige Spannungen dar.

gewählter Werkstoff: **St 52-3**   zulässige Spannungen σD(-1)

Kerbfall	K0	K1	K2	K3	K4
Beanspruchungs-gruppe					
B1	270	270	270	254	152,7
B2			252	180	108
B3	76,4	212,1	178,2	127,3	108
B4	168	150	126	90	54
B5	118,8	106,1	89,1	63,6	38,2
B6	84	75	63	45	27

Schweiß-naht Nr.:	zul. σxD 1	zul. σyD 1	zul. $t_{D(k)}$	τ gem.	σx gem.	σy gem.	Nachrechnung 1 (Durchgehendes Blech)
2	90	150	168	10,79	73,87	90,25	0,546
3	90	150	168	-18,08	-57,03	-118,60	0,537
4	90	150	168	10,79	-30,82	-13,64	0,099
5	90	150	168	-18,08	-52,53	5,68	0,376
6	90	150	168	185,70	-43,30	185,70	3,582
7	90	150	168	142,90	-180,60	-119,90	3,785
8	90	150	168	71,43	164,80	130,20	2,698
9	90	150	168	-0,31	206,20	162,30	3,941
10	90	150	168	42,86	-109,40	133,60	3,419
11	90	150	168	56,95	-94,45	142,90	3,124
12	90	150	168	100,00	148,40	127,40	2,394
13	90	150	168	71,43	121,80	158,90	1,701
14	90	150	168	-4,38	-25,60	35,54	0,205
15	90	150	168	-6,81	-26,80	45,71	0,274
16	90	150	168	-129,10	-177,80	-125,00	3,541
17	90	150	168	-78,86	-89,40	-58,99	0,971
18	90	150	168	-6,52	5,25	29,78	0,033
19	90	150	168	33,17	128,60	57,14	1,682
20	90	150	168	-42,80	90,06	142,90	1,021
21	90	150	168	34,18	105,00	100,00	1,069
22	90	150	168	28,57	98,69	107,00	0,958
23	90	150	168	150,40	169,40	156,50	3,469
24	90	150	168	63,03	200,00	80,95	4,171
25	90	150	168	60,48	154,00	166,80	2,391
26	90	150	168	26,35	77,15	47,96	0,588
27	90	150	168	3,91	20,73	0,54	0,053

[204] Eigene Berechnung, durchgeführt in Microsoft EXCEL

28	90	150	168	0,71	28,82	0,38	0,102
29	90	150	168	-4,08	-135,00	57,14	2,967
30	90	150	168	3,26	-177,10	100,00	5,629
31	90	150	168	-4,74	-114,10	-31,84	1,384
32	90	150	168	-5,34	129,00	-29,00	2,370
33	90	150	168	-8,07	73,34	36,90	0,526
34	90	150	168	2,86	57,14	51,00	0,303
35	90	150	168	14,49	38,10	-76,79	0,665
36	90	150	168	10,36	-20,77	-97,35	0,328
37	90	150	168	-9,38	14,29	-49,86	0,192
38	90	150	168	-7,39	11,64	-40,35	0,126
39	90	150	168	-2,40	5,77	-23,67	0,039
40	90	150	168	37,69	-5,38	79,17	0,364
41	90	150	168	-2,48	55,60	171,40	0,982
42	90	150	168	-15,16	42,23	171,40	0,998
43	90	150	168	-8,83	23,99	142,90	0,727
44	90	150	168	-3,22	-12,69	72,42	0,321
45	90	150	168	71,43	18,74	-5,93	0,234
46	90	150	168	-1,21	26,94	-65,70	0,413
47	90	150	168	-18,31	21,09	-96,46	0,631
48	90	150	168	-11,53	10,49	-41,24	0,126
49	90	150	168	-5,41	3,79	-19,12	0,024
50	90	150	168	-1,44	1,17	-5,67	0,002
51	90	150	168	1,41	8,20	-15,37	0,028
52	90	150	168	0,94	3,85	-19,08	0,023
53	90	150	168	0,62	1,29	-12,02	0,008
54	90	150	168	0,29	1,77	-6,97	0,003
55	90	150	168	1,77	6,34	28,57	0,028
56	90	150	168	-2,62	-21,20	42,86	0,205
57	90	150	168	-4,37	-14,34	42,86	0,153
58	90	150	168	-2,26	-8,26	-17,18	0,011
59	90	150	168	1,18	-4,47	-2,24	0,002
60	90	150	168	-1,70	2,17	1,13	0,001
61	90	150	168	-2,93	2,34	-13,02	0,011
62	90	150	168	-2,99	4,01	0,14	0,002
63	90	150	168	-2,31	3,51	-9,39	0,008
64	90	150	168	0,71	1,57	-5,56	0,002
65	90	150	168	3,15	-0,22	17,46	0,014
66	90	150	168	5,09	-10,69	7,43	0,023
67	90	150	168	7,38	7,36	-21,48	0,041
68	90	150	168	-8,54	8,85	40,76	0,059
69	90	150	168	-0,22	-0,53	0,90	0,000
70	90	150	168	1,59	14,97	31,24	0,036
71	90	150	168	-12,52	-44,62	-24,77	0,197
72	90	150	168	-4,18	8,63	-7,32	0,017
73	90	150	168	13,87	9,34	2,70	0,016
74	90	150	168	1,38	76,72	-107,00	1,844
75	90	150	168	6,49	20,93	-222,70	2,605
76	90	150	168	-32,32	20,44	55,77	0,142
77	90	150	168	-8,06	-17,67	-287,00	3,326
78	90	150	168	-5,59	-50,00	-5,12	0,292
79	90	150	168	-3,01	-64,43	-60,25	0,387
80	90	150	168	15,29	22,61	-38,53	0,202

81	90	150	168	13,38	21,80	-280,40	4,012
82	90	150	168	5,22	71,37	4,83	0,605
83	90	150	168	3,21	7,54	-139,70	0,953
84	90	150	168	6,49	-52,12	-131,70	0,599
85	90	150	168	9,43	17,97	22,24	0,035
86	90	150	168	9,26	-159,90	45,51	3,791
87	90	150	168	-11,32	-232,70	-4,61	6,611
88	90	150	168	-4,96	132,40	-7,68	2,243
89	90	150	168	-2,07	-84,49	-9,28	0,827
90	90	150	168	-3,00	1,55	-4,99	0,002
91	90	150	168	17,69	-10,54	-13,55	0,022
92	90	150	168	6,82	-0,67	44,28	0,091
93	90	150	168	0,00	4,18	3,52	0,002
94	90	150	168	-3,05	3,31	-6,97	0,006
95	90	150	168	-2,08	2,39	-4,11	0,002
96	90	150	168	-8,59	1,62	-6,11	0,005
97	90	150	168	26,85	-18,29	205,60	2,224
98	90	150	168	-72,35	-8,44	-230,10	2,404
99	90	150	168	1,06	-9,53	142,90	1,020
100	90	150	168	-4,21	30,82	-8,62	0,141
101	90	150	168	-2,27	-0,77	1,12	0,000
102	90	150	168	-2,79	10,71	7,55	0,011
103	90	150	168	-3,08	17,39	17,57	0,029
104	90	150	168	4,20	26,81	-3,92	0,098
105	90	150	168	-3,18	10,83	-5,67	0,021
106	90	150	168	45,57	4,55	44,35	0,149
107	90	150	168	17,26	-10,02	-30,19	0,041
108	90	150	168	-3,09	-3,50	0,50	0,002
109	90	150	168	-2,11	6,01	-8,63	0,012
110	90	150	168	4,85	2,68	-26,75	0,039
111	90	150	168	-9,99	-4,34	-5,42	0,005
112	90	150	168	0,00	38,78	40,35	0,142
113	90	150	168	-3,09	23,20	84,57	0,239
114	90	150	168	-3,09	-20,03	0,98	0,051
115	90	150	168	13,74	95,96	218,80	1,716
116	90	150	168	-33,01	178,60	466,20	7,469
117	90	150	168	19,34	178,60	372,60	5,192
118	90	150	168	16,52	-28,26	57,13	0,373
119	90	150	168	-1,17	255,70	13,44	7,825
120	90	150	168	-10,05	70,06	45,49	0,465
121	90	150	168	-3,24	-28,26	23,37	0,172
122	90	150	168	-11,79	-8,87	10,12	0,026
123	90	150	168	17,35	28,80	79,10	0,222
124	90	150	168	11,52	-12,66	-55,11	0,108
125	90	150	168	4,71	134,40	20,23	2,048
126	90	150	168	0,57	114,10	17,76	1,471
127	90	150	168	8,36	74,19	3,85	0,661
128	90	150	168	16,52	36,85	239,20	2,067
129	90	150	168	0,27	-51,32	95,44	1,093
130	90	150	168	-11,50	47,26	95,44	0,351
131	90	150	168	-8,43	15,77	96,25	0,333
132	90	150	168	-9,50	28,19	92,56	0,289
133	90	150	168	-2,70	24,65	-2,51	0,080

Schweiß-naht Nr.:	zul. $\sigma xD\,2$	zul. $\sigma yD\,2$	zul. $\tau_{D(K)}$	τ gem.	σx gem.	σy gem.	Nachrechnung 2 (Anstoßendes Blech)
134	90	150	168	0,00	-22,69	2,81	0,069
135	90	150	168	-0,39	5,37	0,00	0,004
136	90	150	168	0,00	-1,33	-13,19	0,007
137	90	150	168	0,00	-4,14	-1,40	0,002
138	90	150	168	7,68	-209,80	180,00	9,674
139	90	150	168	-16,88	-63,77	-42,78	0,391
140	90	150	168	-16,73	177,20	105,80	2,995
141	90	150	168	-27,55	-96,66	-255,40	2,251
142	90	150	168	7,97	110,50	15,07	1,396
143	90	150	168	-7,90	124,80	5,65	1,874
144	90	150	168	0,00	-98,78	0,00	1,205
145	90	150	168	0,00	-1,83	-7,98	0,002
146	90	150	168	-28,29	-50,00	-42,40	0,260
147	90	150	168	-2,77	15,00	36,93	0,048
148	90	150	168	2,11	10,90	-2,19	0,017
2	150	210	168	29,71	45,87	75,32	0,144
3	150	210	168	57,21	-38,91	-68,41	0,205
4	150	210	168	22,84	-56,73	-68,64	0,145
5	150	210	168	57,32	-88,52	-93,82	0,401
6	150	210	168	42,98	-43,63	-132,79	0,366
7	150	210	168	62,36	-89,53	-124,62	0,492
8	150	210	168	71,23	83,75	111,73	0,478
9	150	210	168	100,42	90,43	142,94	0,774
10	150	210	168	80,43	-87,35	138,92	1,391
11	150	210	168	83,90	-135,92	125,85	1,973
12	150	210	168	77,61	82,81	128,06	0,553
13	150	210	168	54,90	179,72	132,67	1,185
14	150	210	168	-78,54	-55,92	-23,85	0,328
15	150	210	168	-86,40	-37,17	-10,78	0,316
16	150	210	168	-156,90	-154,61	-87,96	1,678
17	150	210	168	-121,20	-100,77	-97,22	0,875
18	150	210	168	-66,49	85,62	35,42	0,415
19	150	210	168	-30,56	154,73	76,21	0,855
20	150	210	168	11,74	163,94	110,50	0,901
21	150	210	168	32,95	170,54	98,53	1,018
22	150	210	168	45,83	123,52	75,73	0,586
23	150	210	168	73,62	187,47	86,87	1,408
24	150	210	168	57,32	164,58	42,82	1,138
25	150	210	168	157,30	173,98	187,42	1,983
26	150	210	168	66,92	129,83	74,36	0,727
27	150	210	168	7,76	19,22	15,28	0,015
28	150	210	168	22,65	10,34	13,96	0,023
29	150	210	168	10,32	-65,92	54,92	0,380
30	150	210	168	-12,73	-78,31	97,52	0,736
31	150	210	168	10,84	-54,99	2,82	0,144
32	150	210	168	23,54	87,09	-20,66	0,424
33	150	210	168	20,23	80,76	25,92	0,253
34	150	210	168	10,83	60,66	38,93	0,127
35	150	210	168	10,74	40,52	-55,63	0,219

36	150	210	168	10,64	-22,53	-78,34	0,110
37	150	210	168	-5,93	15,76	-51,44	0,098
38	150	210	168	-1,48	3,83	-39,51	0,041
39	150	210	168	2,93	0,29	0,12	0,000
40	150	210	168	32,10	-3,64	56,92	0,117
41	150	210	168	3,87	39,89	143,90	0,359
42	150	210	168	-5,90	44,53	173,10	0,524
43	150	210	168	0,82	11,78	78,32	0,116
44	150	210	168	4,88	4,77	44,53	0,040
45	150	210	168	55,52	5,32	-4,76	0,112
46	150	210	168	0,67	35,91	-10,54	0,072
47	150	210	168	-13,74	10,78	-76,64	0,171
48	150	210	168	-6,48	10,50	-50,32	0,081
49	150	210	168	1,73	5,89	-54,89	0,080
50	150	210	168	3,67	0,89	-3,88	0,001
51	150	210	168	24,64	6,88	-11,99	0,029
52	150	210	168	-4,92	2,85	-17,43	0,010
53	150	210	168	1,48	1,57	-15,89	0,007
54	150	210	168	1,38	-2,99	-8,94	0,001
55	150	210	168	5,90	-3,69	15,90	0,009
56	150	210	168	14,72	-15,89	50,89	0,103
57	150	210	168	21,78	-10,73	31,93	0,056
58	150	210	168	14,29	-5,02	13,54	0,015
59	150	210	168	-7,48	4,70	10,74	0,004
60	150	210	168	1,94	3,65	3,68	0,001
61	150	210	168	-4,99	1,39	-7,68	0,003
62	150	210	168	-3,34	3,91	3,41	0,001
63	150	210	168	0,34	-5,75	-6,90	0,001
64	150	210	168	2,80	20,94	-2,45	0,022
65	150	210	168	4,37	-1,57	-12,56	0,004
66	150	210	168	10,67	-4,67	5,99	0,007
67	150	210	168	5,70	0,42	-15,20	0,007
68	150	210	168	-5,79	8,90	30,64	0,017
69	150	210	168	0,35	2,54	2,15	0,000
70	150	210	168	10,50	12,78	14,29	0,010
71	150	210	168	5,83	28,57	-5,92	0,044
72	150	210	168	3,79	-6,43	23,78	0,020
73	150	210	168	19,11	-33,48	-1,64	0,061
74	150	210	168	-19,05	4,30	-82,81	0,180
75	150	210	168	5,62	-19,37	-37,56	0,027
76	150	210	168	20,75	-16,25	16,91	0,042
77	150	210	168	-4,02	15,50	-6,14	0,015
78	150	210	168	-0,24	2,54	2,36	0,000
79	150	210	168	-0,19	-17,50	-35,65	0,023
80	150	210	168	-8,47	16,07	12,93	0,011
81	150	210	168	6,49	21,79	-230,40	1,386
82	150	210	168	5,05	4,16	-2,35	0,002
83	150	210	168	0,08	5,39	-1,43	0,002
84	150	210	168	2,06	5,83	2,08	0,001
85	150	210	168	6,94	-16,78	-47,96	0,041

86	150	210	168	20,23	15,55	-124,60	0,439
87	150	210	168	8,70	3,92	-127,50	0,388
88	150	210	168	1,20	2,46	58,69	0,074
89	150	210	168	-6,36	1,16	68,64	0,106
90	150	210	168	-2,21	-3,19	-2,54	0,001
91	150	210	168	19,34	71,08	125,60	0,312
92	150	210	168	94,56	241,00	117,60	2,312
93	150	210	168	-30,74	276,00	-261,00	7,251
94	150	210	168	-10,02	40,04	-63,07	0,245
95	150	210	168	-3,54	16,53	27,02	0,015
96	150	210	168	-3,17	-2,09	-0,83	0,001
97	150	210	168	86,65	-5,21	-227,20	1,400
98	150	210	168	28,32	-4,44	374,10	3,255
99	150	210	168	-0,96	56,56	-169,90	1,102
100	150	210	168	-3,86	-4,44	-86,40	0,159
101	150	210	168	-2,79	-1,91	3,61	0,001
102	150	210	168	-0,95	58,00	23,08	0,119
103	150	210	168	24,30	-148,30	58,20	1,349
104	150	210	168	48,00	-161,30	-108,60	0,949
105	150	210	168	-49,58	485,30	-399,00	20,312
106	150	210	168	186,60	429,60	242,30	7,463
107	150	210	168	103,70	209,70	477,80	4,331
108	150	210	168	1,85	-11,98	50,33	0,083
109	150	210	168	19,34	-216,10	45,82	2,451
110	150	210	168	19,44	-223,80	47,43	2,627
111	150	210	168	25,64	-368,40	117,60	7,744
112	150	210	168	46,20	-324,80	105,30	6,101
113	150	210	168	1,50	-33,35	-87,63	0,131
114	150	210	168	-2,69	117,60	194,10	0,745
115	150	210	168	-0,63	-9,95	-164,00	0,563
116	150	210	168	-25,53	155,10	-404,50	6,794
117	150	210	168	-38,99	187,40	-230,10	4,184
118	150	210	168	16,52	-43,39	17,53	0,124
119	150	210	168	-3,24	33,59	-12,15	0,067
120	150	210	168	-4,13	-28,26	-22,87	0,027
121	150	210	168	9,48	-6,43	-8,77	0,005
122	150	210	168	5,01	-5,10	-12,88	0,004
123	150	210	168	-23,01	26,01	-21,97	0,078
124	150	210	168	3,40	33,59	7,48	0,044
125	150	210	168	-4,67	-36,46	26,32	0,106
126	150	210	168	-3,24	-19,58	-3,67	0,015
127	150	210	168	1,57	-10,26	13,70	0,013
128	150	210	168	7,81	55,11	-152,00	0,927
129	150	210	168	17,89	55,11	152,00	0,404
130	150	210	168	14,88	22,53	78,96	0,115
131	150	210	168	-15,08	14,22	82,90	0,135
132	150	210	168	-7,61	4,65	69,81	0,103
133	150	210	168	0,00	-1,22	24,73	0,015
134	150	210	168	0,00	17,85	2,45	0,013
135	150	210	168	0,00	40,61	-13,88	0,096

136	150	210	168	0,00	13,55	-14,52	0,019
137	150	210	168	0,00	12,10	-4,31	0,009
138	150	210	168	48,60	139,30	-183,70	2,524
139	150	210	168	40,89	-20,65	183,70	0,964
140	150	210	168	-29,30	-52,18	139,60	0,825
141	150	210	168	9,16	-12,22	-1,85	0,009
142	150	210	168	-1,33	-25,83	-233,70	1,077
143	150	210	168	6,59	-3,67	262,10	1,590
144	150	210	168	0,00	16,91	0,00	0,013
145	150	210	168	0,00	3,81	0,00	0,001
146	150	210	168	-6,71	-0,07	0,88	0,002
147	150	210	168	1,75	12,30	25,80	0,012
148	150	210	168	5,32	13,90	15,70	0,008

$$zul\sigma Dz(\chi) = \frac{zul\sigma Dz(0)}{1 - \left(1 - \frac{zul\sigma Dz(0)}{0,75 \cdot \sigma B}\right) \cdot \chi} \qquad zul\sigma Dd(\chi) = \frac{zul\sigma Dd(0)}{1 - \left(1 - \frac{zul\sigma Dd(0)}{0,9 \cdot \sigma B}\right) \cdot \chi}$$

$$zul\tau D(\chi) = \frac{zul\sigma Dz(\chi)}{\sqrt{2}}$$

$$\left(\frac{\sigma x}{zul\sigma xD}\right)^2 + \left(\frac{\sigma y}{zul\sigma yD}\right)^2 - \left(\frac{\sigma x \cdot \sigma y}{|zul\sigma xD| \cdot |zul\sigma yD|}\right) + \left(\frac{\tau}{zul\tau D}\right)^2 \leq 1,1$$

$$zul\sigma Dz(0) = \frac{5}{3} \cdot zul\sigma D(-1)$$

$$zul\sigma Dd(0) = 2 \cdot zul\sigma D(-1)$$

Anlage T: Unzulässige Schweißnähte – anstoßendes Blech[205]

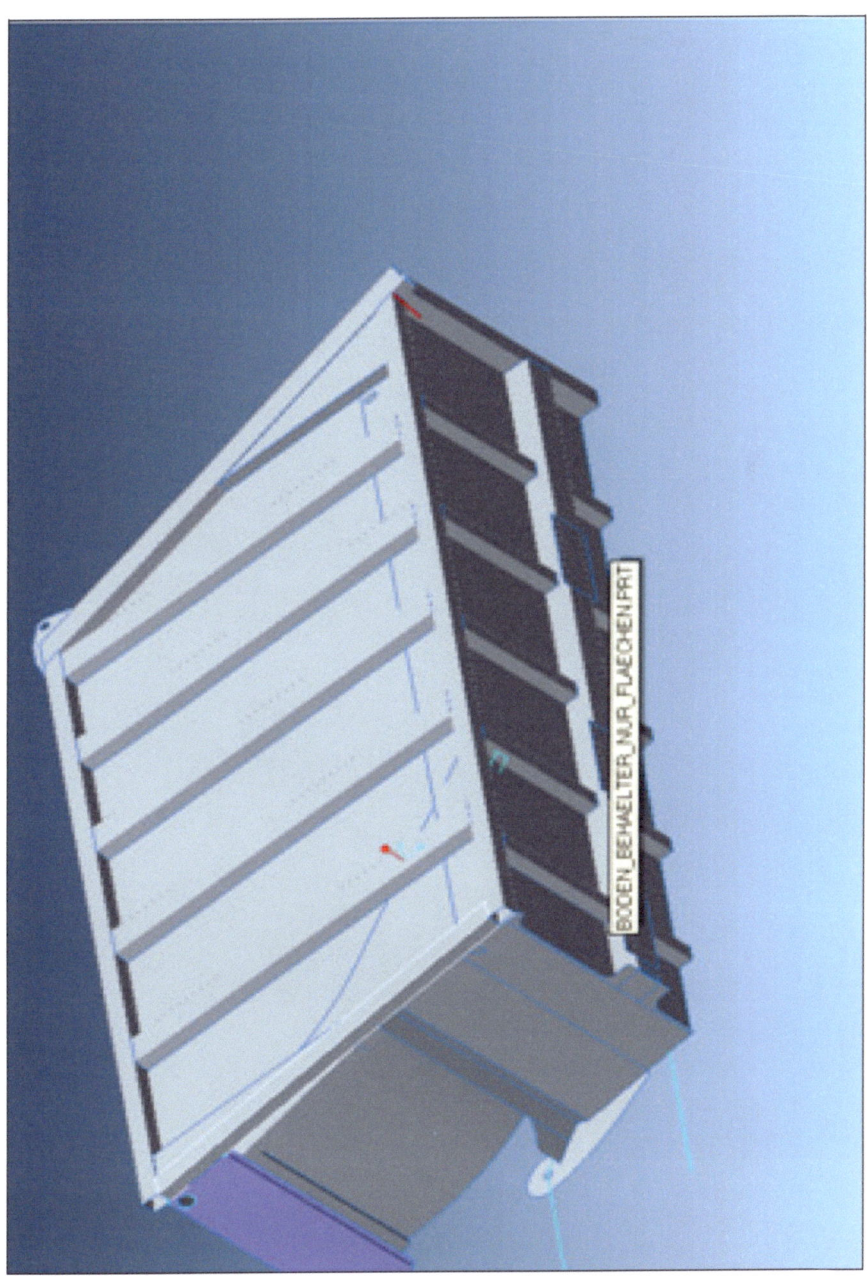

---
[205] Eigene Darstellungen (bearbeitete Screenshots aus Pro/MECHANICA)

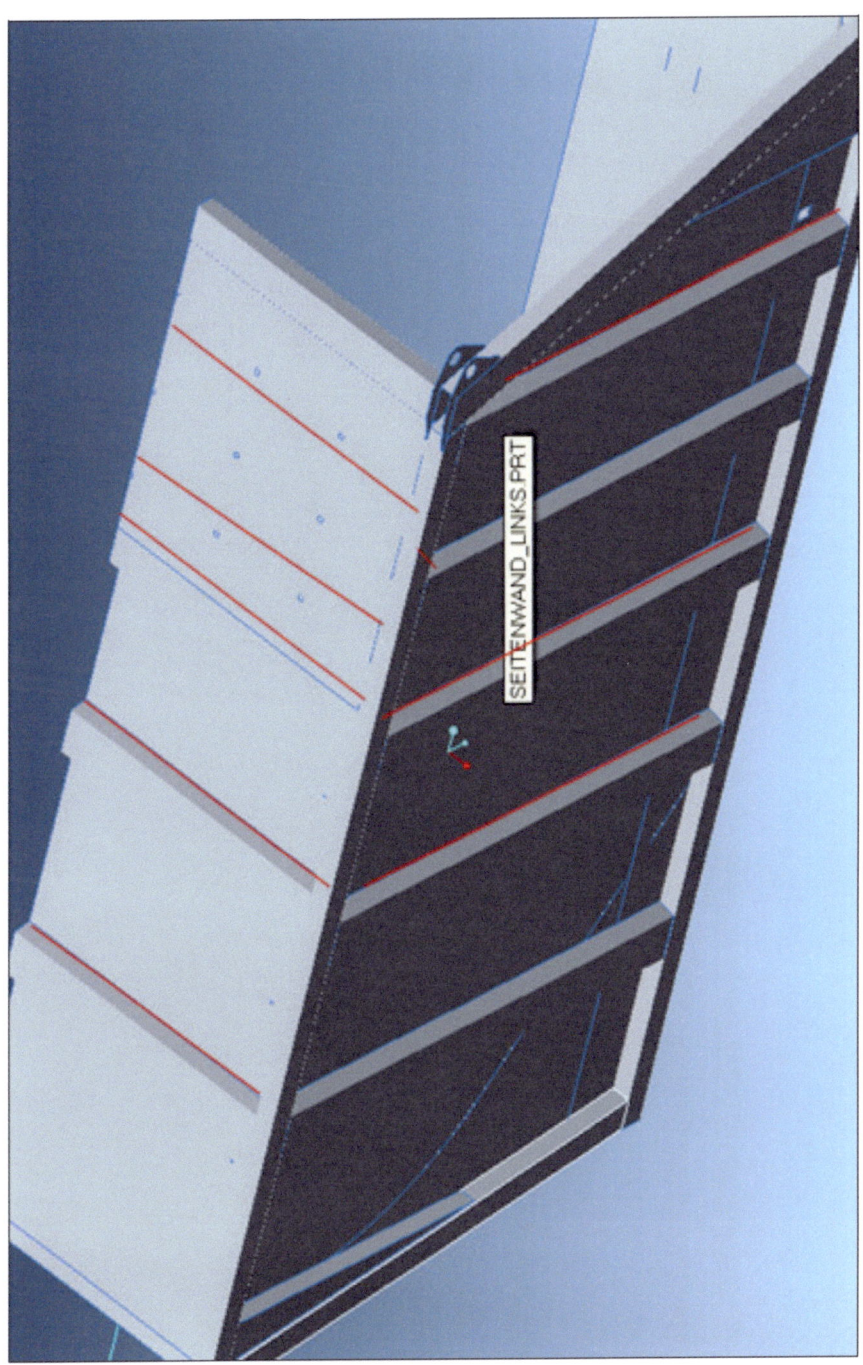

Anlage U: Unzulässige Schweißnähte – durchgehendes Blech[206]

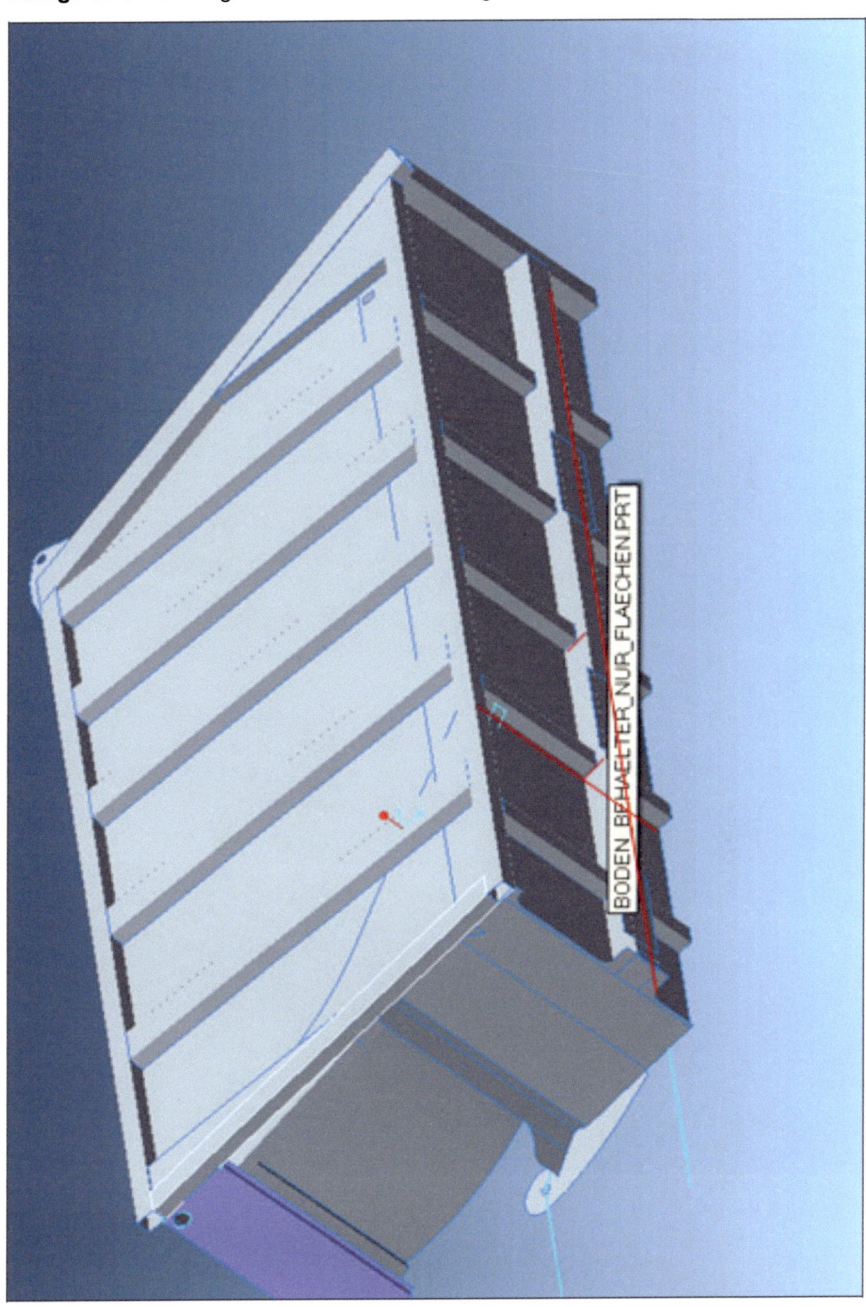

[206] Eigene Darstellungen (bearbeitete Screenshots aus Pro/MECHANICA)

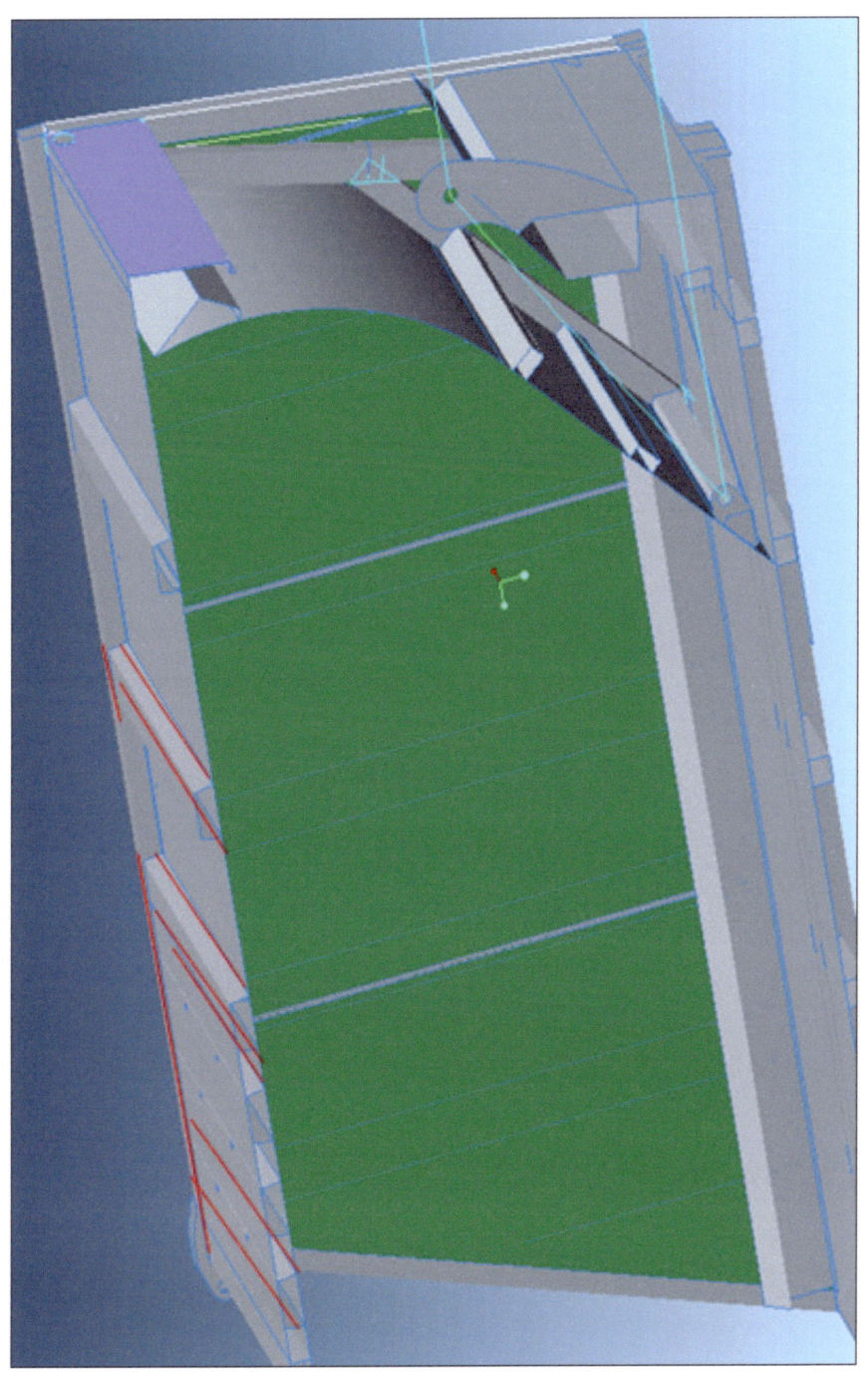

Über die Autoren...

Foto: Fotostudio Josef Henk, 2000 Stockerau

Ing. Siegfried Idinger, B.A. wurde 1989 in Wien geboren. Seine Reife- und Diplomprüfung an der Höheren Technischen Lehranstalt Hollabrunn, Department Maschineningenieurwesen, schloss er im Jahre 2010 mit Auszeichnung ab. Das nachfolgende Studium in Projektmanagement und Informationstechnik mit Schwerpunkt Betriebswirtschaftslehre an der Fachhochschule des BFI Wien schloss der Autor im Jahre 2013 mit dem akademischen Grad des Bachelor of Arts in Business, ebenfalls mit Auszeichnung, ab. Derzeit ist er Student an der Donau-Universität Krems und an der Fachhochschule Campus Wien.
Bereits während seiner berufsbegleitenden Studien sammelte Siegfried Idinger umfassende praktische Erfahrungen durch seine berufliche Tätigkeit in der Fahrzeugbranche. Seine beruflichen Schwerpunkte liegen in den Bereichen Konstruktion, Industrial Engineering, IT und Projektmanagement.

Foto: privat

Ing. Michael Hirn wurde 1991 in Stockerau geboren. Seine Reife- und Diplomprüfung an der Höheren Technischen Lehranstalt Hollabrunn, Department Maschineningenieurwesen, schloss er im Jahre 2010 mit gutem Erfolg ab.
Nach der Reife- und Diplomprüfung sammelte der Autor umfassende praktische Erfahrungen durch seine berufliche Tätigkeit in der Haus- und Umwelttechnik. Die Schwerpunkte des Maschineningenieurs liegen in der Entwicklung, Kalkulation und Konstruktion von Heizungs-, Klima-, Lüftungs- und Sanitärinstallationen.